01・跟阿公唯一的合照

02・鳳梨王子 vs 鳳梨老子

03・比我還要紅的鳳梨阿嬤

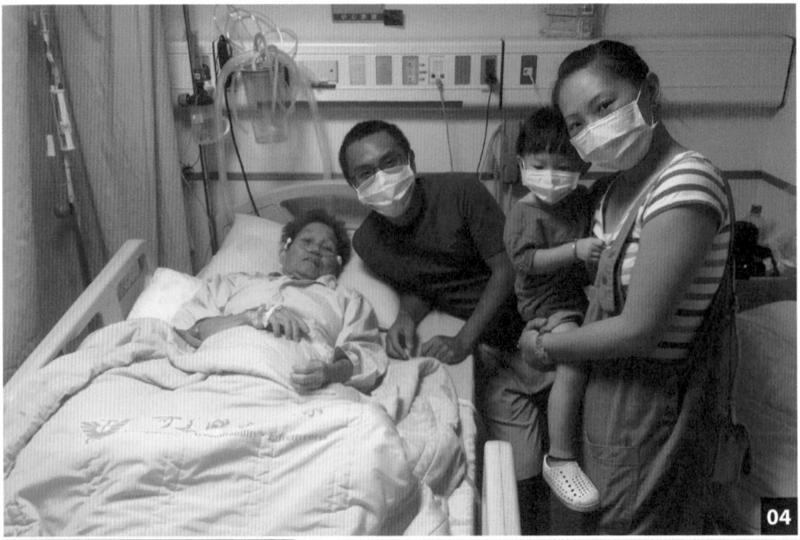

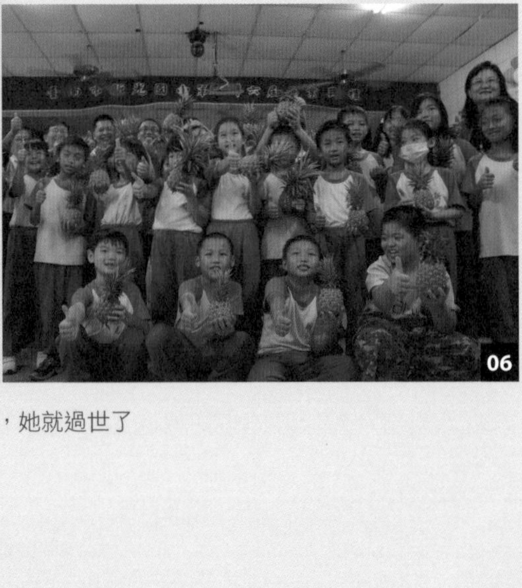

04・跟朋友借小孩去騙阿嬤後，她就過世了

05・我孫子是百大青農，讚

06・與小學生融為一體

07・全台灣第一個在鳳梨田裸跳的人

08・腹肌我也曾經有

09・管理太差，到底是種草還是種鳳梨

10・人體模特兒好害羞

11・喜瑪拉雅我最跳

12・有時也會很絕望，又熱又渴，沒有任何一台車經過

春夏之際，微酸帶些甜蜜，

嫁女兒的心情，她的名字叫鳳梨，

我說，那是一種愛情。

各界名人齊聲旺讚（依照姓氏筆畫排序）

小劉醫師（劉宗瑀）■外科作家
王永福■頂尖講師／簡報教練
王俊雄■創意鬼才作家
李濤■關懷台灣文教基金會董事長
李蕢至■國際藝術家
李懿■綜藝名模
余懷瑾（仙女老師）■作家／TED x Taipei講者
阿信、方翔、米奇鹿■救命恩人
林靜儀■吃鳳梨會被助理阻止的立委
林明樟■希望種子國際企管顧問股份有限公司 總經理
吳曉樂■《你的孩子不是你的孩子》作者
洪震宇■作家／故事人
徐昌隆■金庸群俠傳製作人
許維真（梅塔）■佛系晚紅作家
番紅花■作家
雪羊■山岳攝影人
張齡予■新聞主播
陳星合■前太陽馬戲團表演者／星合有限公司創辦人
楊斯棓■方寸管顧首席顧問／醫師
蔡亦竹■實踐大學應日系中二助理教授兼日本文化暢銷書作家
鄭錫懋■《英語自學王》作者
盧建彰■創意人
劉昭儀■水牛書店×我愛你學田市集負責人
謝銘祐■金曲歌王
龔建嘉■鮮乳坊創辦人／捅牛屁眼獸醫師

美國總統川普：「Fuck Off！」
總理普丁：「Этот ананас очень вкусный」
中國主席席近平：「中國只有波蘿。」
我大台南國臨時大總統：「給錢才是真愛，謝謝你的愛。」

自序

「Life is short, just like me, why so serious.」如果現代還有墓誌銘，我會在我的墓碑上刻上這句人生的座右銘。

人生很多事，對我來說，都是莫名其妙。

某年上書總統登上報紙頭版後，不敢說風靡全台，但可以上的媒體大概都跑不了，連時尚雜誌我都曾沾過邊。好險沒劈腿，不然可能連壹週刊都會有份，只差沒被時代雜誌採訪而已。

我莫名其妙成了青年返鄉務農的代表人物，好笑的是，我當時連一顆鳳梨都還沒種出來。台南一中畢業，放棄成大、台藝大、外商公司，搭上時下最流行的澳洲旅遊打工風潮，趕上因為食安問題引起社會關注的青農返鄉議題——一個旅外的青年，落葉歸根回到台灣，受到阿公的召喚，回到家中荒廢許久的鳳梨田，重新拾起阿公的鋤頭，只為了種出一顆安心的鳳梨，讓世人看見台灣農業的驕傲。

多麼勵志的故事，連我自己都被感動，原來我這麼厲害。

出版社就算是瞎了眼也能視出我這個英雄，於是，大大小小的出版邀約紛紛到來，有些出版社甚至認為打鐵趁熱，想把我部落格跟臉書那些喇低賽的瘋言瘋語直接打包成冊，但不知道為什麼，平常衝來衝去的我，反而在出書這件事上，陷入了很大的猶豫不決、非常缺乏自信。

為什麼？

因為我根本不覺得我有多荔枝，我是鳳梨啊。

這個社會很有趣，一旦出了名，過去的所作所為，都可以被合理化的正面解讀。

舉個例吧，我常常被說勇於去做選擇，成大不念、台藝大不念、外商不待，像個真男人一樣回到鄉下，守護阿公的鳳梨田。你知道嗎？當你常常被這樣一直講一直講的時候，有時候，還就真的會以為自己當初有多麼神勇，因為頂著那樣的光環，走跳江湖很吃香，沒有人不愛那樣的故事，即便我說了實情，社會還是會自動解讀成主流希望的勵志故事。

我說，會踏上種鳳梨這條路，其實是誤打誤撞莫名其妙，但眾人並不太能接受這樣的說法，於是，就會出現一個勵志版本，這樣才能教小孩啊。

所以我說啊，社會上關於成功學的勵志書，看看就好，有時候，那就像一帖毒藥，看多了會中毒，永遠只會呈現美好的一面，成功需要太多的天時地利人和以及祖上積德。

我始終不覺得，我是個多麼勇於選擇的人，甚至在選擇上，我連勇氣都沾不上邊。你可能會問說，當初不是很勇敢的決定返鄉務農嗎？非也，不才乃魯蛇是也，當時的我，面臨職涯選擇，被成大跟台藝大退學，雖然說也是畢業於名校，但，台南一中？能吃嗎。不習慣台北的生活，於是回到台南，我要幹嘛，我們台南手搖飲料最出名，難道我要去搖飲料？我不是看不起搖飲料這個工作，只是我好歹也是頂著堂堂台南一中光環，這飲料，我還真有點搖不下去。不然，家裡有塊鳳梨田，我這放蕩不羈的個性大概也不適合被別人管，又喜歡大自然，阿不然乾脆遠離塵囂、解甲歸田算了。

某種程度上，我的確是如老一輩說的，在外頭混不下去，才來試著端農業的飯碗。

然後，莫名其妙，端著端著，就端出了一點樣子。但我自己心裡清楚，自己的基本功一點都不扎實，虛有個社會上的光環，實際上內部一團亂，說穿了是個虛胖的矮子。但機會來了，要不要去闖？我的直覺告訴我——必須要，畢竟我一輩子可能就只會有這樣一次機會。出了名有很多好處，有段時間有感覺到一股無形的力量，一直推著我成長，那些牛鬼蛇神都是我成長的養分。

當然，我也曾經迷失過，迷失在鎂光燈的關注下。我永遠都記得那時正是媒體寵兒的我，在某個社運場合上，主持人一介紹我上台，台下頓時歡聲雷動，至於我到底講了什麼，變得一點都不重要了。對於時事，我也很敢提出一些看法，加上又會賣弄文字，我很享受這種被關注的快感，也喜歡跟網友筆戰對決。

我承認，有一陣子，滿自我膨脹的，被視為somebody，迷失在鎂光燈跟麥克風，以及擁有發語權的感覺，金價五告送。直到有次演講，我使足了勁表演完，逗得台下的觀眾笑呵呵，突然有個阿伯問我：「年輕人，阿你把農業講得那麼好，現在是有沒有賺錢？」

阿伯簡單幾句話，像是寺廟裡的大鐘，咚的一聲敲醒了我，如果我自己沒賺到什麼錢，卻出來吹噓農業的美好，做著文青式的浪漫想像，我這樣跟詐騙集團有什麼兩樣？我不過是藉由自己的名氣，出來斂財罷了。

此後，我才漸漸沉澱收心，先專注在本業，把曾經的光環拭去一些些，從一個虛胖的矮子，變成真正的矮子。

而這本書，大概就是沉澱幾年後的再出發，這幾年，也發生一些有趣而且值得分享的大小事。

再說到出版，也是滿莫名其妙的。幾年前打槍過好幾間出版社後，大概成為出版界的黑名單了。內心雖有個小小的出書種子，但不知道該從何萌芽，中間曾經有一間我很喜歡的出版社來詢問過，但後來總編輯開會後，把我打槍，說真的，這件事讓我滿灰心的，也差不多覺得出版這件事無望了。某天，閒來沒事在臉書上亂喇低賽，當時並不熟，只單純是臉友的責任編輯不知道發了一個什麼文，然後我就亂留了一個言，沒想到，便收到她私訊問我有沒有出書的意願。幾個月後，宛如仙姑般的她，幫我媒合了一個我好喜歡的總編輯，要知道，我對於人跟人的感覺非常龜毛。於是，莫名其妙，死灰復燃，我消失許久的出版夢，就又重生了。

與其說我勇於選擇，倒不如說我很勇於放棄吧。我不勉強自己去選擇我不喜歡的，但總是要嘗試過，才會知道自己的喜好。我不喜歡社會給我的框架，所以我就會一直嘗試一直嘗試，從農村到都市、從都市到首都、從首都到國外；從很主流的成功大學到不知道是什麼的藝術大學；從路邊攤到外商，有錢的工作做，沒錢有趣的工作也做。

大概，天公疼憨人吧，就這樣誤打誤撞，摸出自己的一條路。

什麼？你問說，不喜歡那當初幹嘛填成大。

我怎麼知道，就莫名其妙考那麼好，大概是老天爺要給我的試煉吧。

人生苦短，卻總是峰迴又路轉。有時候，只需要把事情給認真做好，至於結果，就不用太認真了。就像我們種田一樣，該給的，老天總是不會少。

這是我人生的歧幻之旅，與您分享。

目錄

1 旺來ㄟ奇幻旅程

2 旺來ㄟ奇思異想

3 旺來ㄟ 奇遇人生

4 旺來ㄟ 奇妙家庭

第 1 篇

旺來ㄟ奇幻旅程

Happiness only real when shared.

一個人的壯麗景觀，比不上兩個人的簡簡單單。

生命的本質就是要去追求幸福，而幸福，無非就是從分享開始。

我要對人敞開心胸，去愛人、去關心人，不能獨善其身，去散播歡樂散播愛，直到世界上充滿太多的愛。

被閻羅王退貨

第一日

「這是什麼地方？我怎麼會在這？」

我在一片混沌中微微醒來，有點吃力地把靈魂的窗戶打開，午後陽光穿進林間扎得刺眼，從溪溝縫中看到一條細細的藍天，兩旁的老樹，像是拼了命地要奪取陽光，鋪下天羅地網不讓一絲溫暖進入，儘管是夏日，溪溝依舊令人感到濕寒。奇怪，我怎麼會躺在這裡，上一秒我不是還好好地走路嗎？

「楊～～～宇～～～～帆～～～～～」依稀聽見有人從溪溝上頭呼喊我的名字，那是阿信的聲音。他不知是什麼練武奇才，丹田就像相撲出掌那樣有力，但今天聽來，怎麼像是嗑了藥那樣迷幻空靈。

「我沒事。」心裡想這樣回他，但一陣暈眩，不知道是誰又把我的窗戶關上。說沒事，其實就是有事。而且這次，很有事。

該怎麼回憶那段旅程呢？盼了多年的嘆息灣成行，我即將走入中央山脈的心臟地帶，多少爬山人朝思暮想的夢幻之地，就要成為我爬山生涯中最令人稱羨的一章。與世隔絕十五天，是人生中最特殊的時間，十五天沒洗澡的體味也會令人無法忘懷。啟程，經歷了瑞穗林道螞蟥海，鑽不完的箭竹芒草，又臭又長的鐵線斷崖，摸黑前的緊急迫降，太平溪源，丹大溪源，棒球場，童話世界，隨之而來的嘆息灣即將把旅程帶到最高點。

然後「碰」一聲，我墜落二十公尺，躺在哈依拉漏溪底，望著只剩半天的嘆息灣獨自嘆息。

可能事情發生太快太突然，記憶被留在二十公尺上忘了下來，上一秒我還在鬆軟的松針上士氣高昂大步往前走，想著明天就要到達登山人的聖地；下一秒，就是躺在溪溝底哀號了。

根據神隊友們描述，我疑似滑倒或被絆倒在地後滾了三、四圈，隨後消失在他們的視線中。儘管他們大聲叫我抓樹枝，但三十公斤的背包跟地心引力死命把我往下拉，跟愛情來了一樣擋也擋不住。緊接著是令人發毛的寂靜，也是他們這輩子經歷最長的幾秒鐘，聽到「碰」那一聲，響徹雲霄直叫人心寒。他們只能祈禱著地的是背包而不是身體，然後跟觀世音耶穌阿拉山神媽祖王爺彌勒佛濟公聖母瑪莉亞關公……等所有神明禱告，做足最壞的心理準備，才開繩下到溪底探望。幸好閻羅王擺我一道，因為幾乎垂直墜落，加上本人身材嬌小，在自由落體的過程中，有足夠時間做重心轉換，讓背包成為緩衝先落地，否則迎接朋友的可能是一團肉醬，晚上剛好煮義大利麵。

我不想給隊友添麻煩，好好坐著，把背包鬆開擺在一旁，鞋子脫掉，在原地等他們，享受大自然的芬多精，我的臉色蒼白、眼神呆滯、說不出話，以上這些是他們說的，而我一點印象都沒有，不記得我有墜落，也不記得脫鞋子下背包，這段空白不知道可以跟誰討。

第一次遇到這種事，大家都慌了手腳，尤其山上夜晚來得又快又沉，三個人拿出睡袋，第一時間先讓我保暖休息，方翔更是拿救生毯包覆著我，而我似乎還不曉得事情嚴重性，腦袋想著「馬的，這樣明天能不能去嘆息灣啊」，隨後便又關機。

不知道是救生毯威力發揮，還是他們怕我冷死塞了一堆衣服，我在夜裡被熱醒，試圖掀開救生毯或拉開睡袋，卻發現全身無力不能動彈，唯一能受我支配的只有那兩片薄薄的眼皮，不論睜開或是閉上，看見的都是一樣的黑。此時，摔到九霄雲外的七魂六魄頓時回了神——我，楊宇帆，發生山難了。

「米奇……米奇……阿信……阿信……方翔……方翔……」我呼喊隊友名字幾次皆無回應，他們應該正在熟睡吧，於是我又試著移動身軀，依舊無能為力，且左肩傳來劇痛，逼得我不得不叫了幾聲。可能他們也隨時都在警戒中，不久後就醒來查看我的身體狀況，雖然沒有明顯外傷，但深怕顱內出血或是內臟破裂，半夜隨時可能一覺永遠不醒。頓時，強大的無助感伴隨著黑夜，強烈籠罩著脆弱的我。未知的深山、缺水的危機、新聞山難的主角、阿信的工作，太多複雜情緒一湧而上，我連放聲大哭的能力都沒了，太大的動作只會讓身體更加疼痛，只能悶著啜泣，像孩提時用眼淚面對一切，那是人類最原始的防備武器，而我已忘了上次淚水潰堤是何時。

所幸我身邊圍繞著很棒的夥伴，他們始終伴隨、鼓勵著我，沒有任何批評指責，加油打氣的話語瀰漫在空氣中。依稀記得，後來米奇靠到我身邊，當我啜泣時，她不斷聆聽安撫我的情緒，說了好多我早已忘記的話。印象中，她的聲音好輕好柔，我好像順著一匹絲綢再度柔順地滑入夢中。

果然，團隊裡頭一定要有女生，女生比較會安慰人，像是潤滑劑般溫柔了陽剛的臭男生。

第二日

昨日摔了身體，今日摔了心情，從雲端再度跌落谷底。

清晨的朝陽帶來希望，環顧四周大小一堆亂石，我狗屎運跌到一個相對平緩的地方，遙望上方約莫二十公尺，試圖拾回一點昨日的記憶，卻徒勞無功。米奇瞄見不遠處綁帶及右前方的石壁滲出了水源，應該是上輩子積了不少陰德，加上阿公在天上保佑才有這等福氣吧。

簡單吃過早餐後，阿信跟方翔出發到上頭一處可看見花東縱谷的小展望處求救，若沒訊號，就得來回至少七小時到義西請馬至山打電話救援，假若氣候不佳或是連絡有問題，說不定還回不了營地，得找地方露宿，米奇則是留在原地陪我與取水。

我再度睡去。

醒來，似乎能稍稍移動身體了，但左半邊動彈不得也無法起身，右手看似沒有大礙還能活動，所以試著把重心移到右半邊，然後用右手捧著後腦勺試圖坐起。但身體完全使不上勁，脖子也感到有點不舒服（後來照X光才知道第二頸椎裂開）。米奇把我扶起，泡了碗無法加蛋的滿漢大餐，辛苦背到這的蛋全給摔破了。

突然，上頭傳來阿信洪亮的叫聲：「生狼煙！生狼煙！」不久，天空竟傳來直升機的聲響，平日螺旋槳發出的嘈雜噠噠聲，宛如敲響希望之鐘灌入眾人耳裡，隨著聲音愈大，我知道自己獲救的機率愈高。直升機從遠方的聲音逐漸成為上頭的黑點，在溪溝附近不斷盤旋來回尋找，小小的黑點在我心中顯得如此巨大，淚水不爭氣的溼了眼眶，看見清楚的影像時更是再度潰堤，直升機始終在上頭徘徊沒有下降動作，溪溝內亦缺少材料升起大狼煙讓搜救人員定位，兩旁山壁的樹木也徹底阻撓了視線。

最後，直升機黯然離去，不帶走一片雲彩，希望的淚水轉為絕望。隨著螺旋槳聲愈來愈小，我的淚珠則是愈滾愈大。

國搜中心與阿信連絡後的結果，得知我的墜落點不可能用直升機救援，而地面人員最快也要五天才能到達，讓我的心涼了一半。五天？我撐得了五天嗎？讓我快點回家吧，我好想回家。

下午，阿信跟方翔到下游尋找垂吊地點，好消息是大概兩百公尺就有空曠處，壞消息是有些不小的落差，溪溝又溼滑，我本人則仍是躺在地上無法動彈。大家討論過後，明日的計畫便是用盡洪荒之力先把我弄到空曠處，再依時間衡量、回上頭收訊處連絡。看來也沒有更好的辦法了，當務之急是儘快讓直升機送我下山。

傍晚，一陣便意直上心頭，阿信十分開心，看來我的消化系統還算正常，於是在眾人的攙扶下起身。我倚著阿信脫下褲子，右手搭著他緩緩蹲下解放，大便形狀渾圓飽滿十分扎實，色澤也相當漂亮，十分金黃只差沒有發光，看來應該沒有內出血之虞。

入夜，我捲起褲管，讓米奇按摩硬如石塊的左腳，右腳踝跟膝蓋則是腫脹得無法出力。阿信跟方翔用登山杖跟幾條繩子，編織綑綁做成了一個擔架，以便做好明日最壞的打算，把我扛出去。因為不知道我有什麼傷害，若用人力背負，恐怕會二度傷害。但看著那個擔架如此簡易（簡陋？）我實在不曉得這要怎麼過……大家的話都不多，彼此都是同樣的想法：祈禱吧。

今晚似乎特別深沉漫長，翻來覆去輾轉難眠。他們三人奔波了一整天，早已疲憊睡去；我則是躺著看天，望了一整個太陽的時間，腦中不斷想著如何把這樣的我送到下面去。儘管已經將有限的資源發揮最大效用，抬擔架下去仍是艱鉅的任務——兩個人抬著不穩的擔架走崎嶇溼滑的溪溝，還有兩三米的落差地形要過，不管對傷者還是運送的人都有風險。

而我該做什麼？我能做什麼？NOTHING！

生命中第一次感到如此無能為力。我唯一能做的，就是信任對方，把生命託付給夥伴，並相信他們絕對能緊緊抓牢。

第三日

鳥兒的啾啾聲，如晨鐘般喚醒萬物。

依舊無法自行起身，大家的心情都寫在臉上。簡單吃完早餐，迅速整理完裝備，阿信將他的衣服裁成簡易三角巾，因為我的左肩只要稍微移動就會劇烈疼痛，大概脫臼了。他們將我攙扶起來，發現左腳硬化的情況稍有改善，看來米奇的按摩起了效用，但如果使力仍會整隻腳癱軟下去，得把重心擺在右腳才能稍稍站立。雖然右腳踝跟膝蓋受力都會劇痛，不過忍耐一下加上有人攙扶，勉強移動不成問題，於是我決定拋棄擔架，用最快的速度走下去取得救援。看到我能行走，隊友們的士氣也提升了不少，心中大石卸下一半，雖然另一半依舊沈重讓大家難以負擔。

一開始稍微平坦的地形，在阿信幫忙下沒啥大問題，只要把重心靠在他身上，疼痛還算可以忍住。不時回頭看看營地，看到自己墜落的高度，心裡不禁打了個寒顫。走了好長時間，卻始終無法拉大距離，推進速度十分緩慢，在身體硬撐的情況下，沒幾分鐘就十分疲憊氣喘吁吁，得停下休息。儘管如此，三個人還是一再鼓勵我，畢竟使用擔架，進度絕對更為落後。

前方開始出現一些倒木與落差了，我戰戰兢兢面對每一個考驗，走在有些溼滑的倒木上，儘管腳底木頭扎實，對我卻是如履薄冰，阿信在右側伸出的手是我唯一能信賴的支撐點，雙腳能給我的支援實在太有限了。就這樣亦步亦趨、右腳拖著左腳，慢慢橫過僅能容一人的倒木。

後頭藍色帳篷漸漸消失，隊友們不斷加油打氣，我知道得咬緊牙根走下去，為了自己，也是為了他們。遇到落差大的地形時，阿信會用身體當作支點，我則毫不遲疑踩下去，因為此刻對他仁慈，就是對大家殘忍。當時身體每個動作都會導致左肩劇痛，右腳疼痛更是沒有停過，身體也是說不了謊地氣喘如牛。每當我有想停下來的念頭時，是他們三個人的鼓勵在背後支撐著我。最重要的是，老子不想死在這個深山內。

「過了這石壁就是康莊大道了！」

眼前這片約四公尺落差的傾斜岩壁，似乎是我最後、也最大的難關。方翔先穿上簡易吊帶下降，用他的身體在下面當腳點跟護墊保護我；隨後我穿上吊帶先鑽過石縫，由阿信慢慢放繩。垂降過程看似順利，快到底時，我卻踏不著一個穩定的腳點，右腳踩老半天都是溼滑的石頭，讓我不免慌張起來，但我相信阿信絕對會緊抓綁帶不放掉我。如同他相信我絕對能撐到空曠處，方翔也適時從旁指示我該往哪落腳。最後有驚無險，安全降落。

過了石壁、上了所謂的康莊大道，突然直升機聲響從遠而近傳來。我們尚未與國搜中心連絡，不知它是打哪來又要飛去哪，但一聽到直升機，眼淚就好像反射動作似迸了出來。聲音由小轉大，最後在周遭上空盤旋——那是我的直升機，一定是！方翔發狂似地帶著黃色外帳衝往空曠點，好讓搜救隊定位；我似乎也爆發了全身的腎上腺素，忘卻痛苦加快步伐。阿信連忙拿出無線電聯繫，卻始終無回應，淚珠又不爭氣地滾落，深怕昨天的情況再度發生。阿信持續連絡，領著我加速前往可能的垂吊地點，卻突然走錯了路，我們下切到了溪溝，所幸及時發現返回正路；但上切的路土石鬆軟，儘管阿信拉著我，全身的力量卻無法支撐身體踏上那一步，此刻的我焦急如熱鍋上的螞蟻，但愈是著急我愈使不上力，他安撫我的情緒，並幫我踢出了腳點，總算回到正路。

宛如灑狗血的劇情安排，無線電在此時連絡上機組人員，告知我們已經在垂吊點等候。為了避免延遲救援時間，阿信叫我忍耐點、背起了我，此時，兩行痛楚與感動交織而成的淚溼了我的臉龐，還有阿信厚實的背膀。

「忍耐一下！」搜救人員在嘈雜的直升機中向我大喊，迅速綁好吊帶跟扣環，咻一聲我就被拉到空中，來不及跟隊友說謝謝或交代後續，我一直哭一直哭，不知道是因為身體太痛，還是活著太感動。

黑色巨獸盤據在空中，所有話語都被怒吼聲淹沒，淚水模糊了隊友的樣貌，他們的身影愈來愈小。大地攪起了落葉，漫天飛舞繽紛了整片藍天，猶如一場華麗的嘉年華會。

如果地獄有身高限制，我想門檻就是一米六吧，我被閻羅王狠狠逐出家門了。我幸運活了下來，還上新聞，成為浪費國家資源的登山客。

在此澄清：我們都有合法申請，是為了學術調查才燃燒自己的青春肉體，跟那些沒申請爬黑山出事的不同喔，啾咪！

活著，金價美賣。

因為，山在那

都曾經山難摔個半死，猜猜，我從此就隱退山林，還是繼續馳騁山林？

發生意外後一個月，我才能稍稍恢復正常作息，但仍必須帶著護頸保護裂掉的頸椎，以防意外的劇烈晃動，左手也得背著三角巾，連高舉過頭都有些困難。悶了那麼久，我實在是受不了，必須要出門透透氣，於是，我也管不了那麼多，騎著機車出門，幾次出門，我都覺得馬路特別大條，交通特別順暢，畢竟，如果你在路上遇到一個戴護頸左手骨折，只用右手騎車的人，一定是閃得愈遠愈好，不要去碰到他。各位大朋友小朋友不要亂學喔，葛格有受過專業的單手騎車訓練，甚至我們在鄉下騎腳踏車，常常都是放空雙手在騎。

沒辦法，我就是無法被靜靜地關在一個空間，一定要出來走走，每個朋友看到我用如此華麗的姿態登場時，都要把下巴從地上撿起來，但認真想想，好像也不是很意外，畢竟哇喜楊宇帆。

半年後，我在醫生的許可下，又重新回到我最喜歡的山上，長眠（誤）。

山難可不可怕，當然，說不定我當下都嚇到漏尿，只是失去意識沒感覺。

但我認為，我們是一群愛山之人，我們對於路線、氣候、裝備、體能……都有做了萬全的準備，而所謂的意外，就是發生在意料之外，危險的並不是爬山，危險的是我們的無知，太高估自己，太輕忽大自然。從人類的祖先拿著火炬踏出山頂洞穴那一刻開始，人類的本能其實就是一直在冒險探索未知，我們所享受的每一個當下，都是前人勇敢挑戰的成果，難道，我們要因為可能潛在的風險，就停滯腳步嗎？

或許吧，有些人會選擇停止，因為個性比較保守或是許多外在因素影響，畢竟，一朝被蛇咬，十年怕草繩，心裡難免會有陰影，但世界並不會因為這樣就停止前進，甚至會更大步邁進。

做任何的事情都有其風險，即便只是好好走在路上，都可能會碰到發瘋的酒駕，假若真的有交通意外事故跟爬山意外的統計，哪個風險比較高，還很難說。

山難過後，讓我更加確定一件事，我好愛爬山，被封印的半年，我無時無刻都在想著什麼時候還可以爬山，也讓我面對山林的心態更加成熟，以前過地形時，就會像個小猴子跳來跳去，很敢衝，但摔過之後知道很痛，所以都會踩好每一個腳點，穩穩的走過去。

但要冒險，首先就是要對自己負責，我沒有忘記自己家人聽到發生山難後，我本人當下意識清楚但全身無法動彈，他們是抱著最糟的打算來到醫院，以為我是不是要半身不遂，他們的下半生也得與我相隨。我很感謝他們沒有阻止我繼續冒險，而我能做的，就是買足保險，除了壽險意外險還有殘扶險，至少，萬一我真的有個萬一，可以讓他們在經濟跟人力上的負擔，降到最低。

盡人事，剩下的，就是聽天命了，既然他們不阻止，那我就應該要更勇敢的去追求自己的人生。

處在一個擁有豐富海洋跟高山資源的台灣，不去親近大自然，真的是一件太可惜的事情了。

來吧，17883，讓我們一起爬爬山！

因為，山就在那。

你相信天命嗎？

「我知道，你一定是大難不死，然後受到大自然的感召，才決定回去種田吧。」有人聽完山難的經過後，跟種鳳梨做了一個看似合理的連結，但故事若真的是這樣，那也未免太矯情了！

二十五歲，我決定返鄉種鳳梨，不知道是不是全台灣最年輕的農夫，但肯定是最幼齒的鳳梨農。在平均六十二歲的農業裡頭，特別受到大家的關注。

我對自己農夫的身分很自豪，出去總是能很驕傲地跟對方說：「我叫楊宇帆，是個農夫。」然後，常常得到對方很好奇地反問：「為什麼要當農夫？」其實我也曾經常常自問同樣的問題：「為什麼？是因為家裡有田？因為阿公種鳳梨？還是因為學歷只有高中？因為想賺錢？因為頭殼壞掉？因為愛？因為所以蟑螂螞蟻數學國語結婚典禮掉進海裡鯊魚咬你死在海裡沒人理你……」

到底為什麼，我比任何人都還想知道答案。

那一年我人在澳洲，預計三月要去泰國半個月，八月要去西藏兩個月，之後還有印度，甚至妄想著南美、南極、火星……我要踏遍全宇宙，當個浪跡天涯背包客。在某個離開澳洲的前夕，我潛完水後要從道格拉斯港回凱恩斯，在車上搖搖晃晃半夢半醒，兩眼不經意瞄向窗外，發現自己正走在依山的公路上，左側是無盡太平洋，遠方山巒層層交疊，上頭還頂著一縷雲霧，海藍得夢幻，山綠得精彩，雲白得瀰漫。

我整個人都清醒了，竟然從北半球跨越赤道，在這紅土大陸撞見了台灣的美麗蘇花，突然好想立刻奔回家。

鄉愁在不經意地剎那瞬間將我淹沒，我無力招架只好任憑其吞噬，好多過往一幕幕跳了出來——走過的山、好久不見的朋友、翹腳的路邊攤、夢境般的台東……當然少不了那位我很喜歡的女孩。一個風景接著下一個畫面，如此順暢自然，這就是我深愛的台灣，我好想回到那片黏人的土地，可以穿著藍白拖跟吊嘎，到巷口的麵攤用台語跟老闆點一碗湯麵加滷蛋，小菜隨意。

當時我還得飛去泰國待上半個月，因為機票老早就訂好，改機票又等於買了兩張票，身為一個出外人，還是不要跟錢過不去。於是嘴巴說不要，身體還是很誠實地去了泰國，泰國沒有不好，只是沒有雞排加珍奶，我好想回台灣。

但是，人生最靠杯也最有趣的，就是這個但是！

但是我又害怕回到台灣，害怕以前高中老師說，聯考會考的「Face the music」，而我面對的不只音樂，是現實。

從清邁回曼谷的火車龜速行駛著，我希望能開快點，快點讓我離開這硬邦邦的三等艙硬座，以及車廂陰暗不舒爽的氛圍，另一方面卻又希望火車開慢點，慢到我永遠都不用回台灣去面對那該死的未來。

火車走走停停，乘客上上下下，惱人的節奏，年久失修的座椅，上頭裝飾用電扇不斷發出一種「我要壞掉」的哀號聲。搖搖晃晃之中，好幾次，我迷失在分不清到底是現實還是夢境，有些畫面逼真到太不真實。我試圖從這些破碎裡去拼湊自己，那些都是藏在內心最深處的記憶。具體到底夢了甚麼早已忘記，只依稀記得跟阿公到了鳳梨田，還有小時候夏天的空氣裡，總是瀰漫著一股酸甜香氣。

「ㄍㄧ～～～～～」

火車突然一陣急煞，金屬激烈摩擦的刺耳慘叫聲，硬是將我從夢中的阿公身邊帶走。眾人對突然停車感到不解，更妙的還在後頭，火車突然倒退回到了上一個車站！沒有廣播，沒有人出面說明，觀光客臉上紛紛掛著大問號，瞪大眼看著彼此，尋求一個答案。當地人也是一臉疑惑，不懂為何火車會倒車，但似乎更不解為什麼觀光客要感到疑惑，他們自在地繼續打牌、上廁所或買東西吃，彷彿這一切是理所當然。

更令我困惑的，則是夢境裡的阿公。我跟他不十分親密，小時候去鳳梨田的印象也屈指可數，他怎麼會跑進我夢裡呢？在這個人生的抉擇點，我不禁聯想起那本我最喜歡的書《牧羊少年奇幻之旅》，說到每個人都有屬於自己的天命，在人生的任何一個階段都有能力執行，且老天爺會不時給予一些暗示，我們要試圖去解讀上天的意思，傾聽內心，然後順心。

不知為什麼，我突然有種強烈的感受——夢境裡頭的阿公，就是老天爺給我一個很強大的指示。就像一個人站在舞台上，所有的聚光燈都打到我身上時，我必須要把握這次獨舞的機會。人家說，夢境也是一個人的潛意識，或許我的心，想要牽引我回到那片土地。

而那班倒退嚕的火車，總算有人出來說明，因為超速，怕接下來會「誤點」，所以才回去休息一下，而這班倒退的火車最後也真的誤點了，抵達終點站曼谷時，晚了一個小時。

回到台灣後，儘管腦子裡想著返鄉種田，但其實意志不是那麼堅定。現實層面考量，加上務農的人很多，雖然務農的年輕人連一個也沒有，再加上當時也有朋友給我工作機會去他工廠幫忙。說真的，考量到只有高中學歷，或許大多數的人會選擇後者。但那顯然不是我想要的，我要傾聽自己的聲音，想就要去做，而且是義無反顧地去做！

Just do it ! Just Fucking do it !

趁年輕去做一件「對」的事，一件對這社會有意義的事。至少以後老了還可以跟孫子說嘴：「拎阿公以前很屌！全台灣最年輕的鳳梨農，說不定還是最年輕的農夫。」

說到天命這件事，在泰國之前，發生一件更玄，除了我爸，我幾乎沒有跟別人說過的事。

在泰國之前，我先飛新加坡轉機，在新加坡我被一個印度阿三攔住，他跟我錯身而過，然後再折回來攔下我，他對我說，他看見我的眉間有一顆星星在閃耀，未來這幾年，是我人生很關鍵的階段，要我好好掌握機會之類的，然後就閃人了，我也沒放在心上，哪來的神棍，莫名其妙。

一年半之後，我上了報紙頭版，真的是讚嘆阿三，這位新加坡的阿三，如果你有看到這本書，拜託跟我聯絡，招待你關廟鳳梨田三日遊。

而開始種鳳梨一段時間後，有一天，在一個廟前跟朋友吃東西聊天，講到之前山難的事，突然有個類似廟公的人，走過來跟我說：「你沒死去，是因為阿公在下面撐著我。」我當下整個起雞皮疙瘩唉喲喂呀我的媽。

我爸也覺得，那塊土地好像是在等著我回去，一直以來都有人想要租，但他就不知道為什麼，都沒有想租給人家，看對方不是很順眼，但留在那邊他其實也不知道要幹嘛，結果沒想到，我回台灣後腦袋壞掉說要種田。

我們一度也以為阿公都把種田的東西都賣光了，沒想到後來整理倉庫，才發現留下了一些當時種田的工具。

總之，有點玄啦，似乎冥冥中有一種註定，沒有什麼道理，但又讓我不得不去相信。

在這過程，我當然會有些低潮或是質疑，我甚至也幹譙過阿公，幹嘛沒事到我夢裡，但想想這些很玄的小插曲，加上種鳳梨也是一件好事，所以我從來沒有想過要放棄。

我想說的是，不一定要信什麼宗教，但人活著一定要有自己的信念。那種即便是天塌下來，我都還是他媽的打死不退的信念，信念愈強，愈會感染身邊的人，最後就像牧羊少年說的，整個宇宙都會聯合起來幫忙你。

但這個過程，依舊會有很多考驗，我們的心，也是需要訓練的，偶爾，她也是會出錯、可能會判斷錯誤，但就還是要相信，從錯誤中成長，會讓自己的心靈茁壯。

我深信不疑。

牧羊少年又說，老天爺對於追尋天命的人總是慷慨。

我也是深深相信，所以一路走來，都覺得自己很幸福，深深地被愛著跟祝福。回首這幾年走過的路、經歷過的事，跟現在累積的小小成就，我仍然覺得很像是一場夢。

我覺得我人生最努力的，不是去尋找什麼，而是去丟掉那些我不想要的，或是只是社會單方面認為是好的。

至於我爸，他只做了最簡單，也最困難的事：相信然後放手。

人生，總是要去相信一些事，相信一些，比錢更珍貴的事。

來去當澳客

有人問我，你哪來的錢出國去澳洲？

我只能說：「保險保得好，出國沒煩惱。」

發生山難後，躺在醫院三個禮拜，雖然說我放蕩不羈的靈魂被囚禁在白色巨塔，內心不免嚮往外頭的藍天白雲跟我最愛的青山，但想起躺一天可以賺六千，我的病情似乎就又加重了一些，年紀輕輕就達到人生賺錢的最高境界，躺著賺。

人生的第一桶金，就此輕鬆入袋。

出院後，除了漫長的復健，也得開始思考人生的下一步。我不想再待在台北，北漂鬼混了四年，雖然給了我很多體驗也認識了不少好朋友，但就是無法融入環境、融入生活節奏，還有最重要的食物，我台南我傲嬌。

不然，去壯遊吧！

那時很流行雲門舞集林懷民老師的一句話：「年輕時候的流浪，是一輩子的養份。」

那我要去阿拉斯加。

Why Alaska？

起源於那本我當時很愛的一本書《阿拉斯加之死》，英文原文書名《Into the Wild》。我喜歡到什麼程度，不只把中文版讀了又讀，甚至還買了原文書，想更瞭解原汁原味的故事。主角Alex的狀態，跟當時的我很像，是個有點反社會人格的憤青，跟主流社會格格不入，崇尚自由喜歡大自然，不喜歡被傳統框架。他在美國攔便車旅行打零工，過著有點像是嬉皮的生活，最後，一個人走進阿拉斯加的冰原荒野，可惜的是，他因誤食了一些有毒植物，不幸在冰天雪地中過世。

這實在是太酷了，我決定要跟他一樣，一樣走進荒野啦，但我不想死掉。

但我的錢似乎還不太夠，人生的第一桶金大概十萬塊，再加上我畢生的積蓄，加一加也差不多就是十萬塊，怎麼那麼巧。看來，我還是得先回台北，多賺點旅費才行。

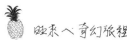

這時，出現了我生命中的一個小貴人，我的高中同學，潘帥。

潘帥在我受傷後沒多久就去澳洲，當時旅遊打工的風氣還沒那麼盛行，他應該稱得上打工度假的祖師爺。某次的閒聊，他知道我想賺錢然後去阿拉斯加，便向我提議：「來澳洲跟我一起賺錢啊，這邊比台灣好賺多了。我三月要去西澳的龍蝦工廠，你就那個時候過來，我罩你啦！」

澳洲?!什麼鬼地方。

當時還年少無知被大美國浪費主義荼毒的我，世界觀非常狹隘，全世界就是台灣、中國、日本、美國、歐洲以及其他不是很重要的地方，而美國就是世界的中心，要出國首選當然是去美國。澳洲？無尾熊能吃嗎？澳門我還比較常聽到，葡式蛋塔很好吃。

但是，可以賺錢這件事，倒是讓我眼睛為之一亮。潘帥用他唸經濟系的腦袋算給我聽：「機票簽證體檢大概台幣一萬五，這邊基本薪資十八澳幣，一個禮拜工作四十小時就好，這樣就七佰二，扣掉房租生活開銷大概兩佰，這樣一個禮拜能存伍佰澳幣，一個月就能存兩千澳幣。你台灣一個月能賺多少？」

這一算下去，不得了，潘帥真的帥，當時澳幣匯率可是跟美金有得拼，大概落在台幣三十左右，意思就是說，一個月就能存存存六萬塊，雖然沒有我躺著賺輕鬆，但也是我很難以想像的數字了。

「而且啊……」

「而且什麼」

「你就來啊，我罩你啦，怕什麼，你就先來賺錢後，再去那個阿什麼的鬼地方。」

「阿拉斯加啦，幹！」

真不愧是有情有義我潘帥，高中對他的照顧完全沒白費，有背包客始祖兼高中好友掛保證，看來過去澳洲鐵定沒有什麼問題。同時間，也有另一個高中好友，在潘帥的拐騙之下過去澳洲，這下子，有兩隻白老鼠先過去幫我探路，我過去應該就妥當了吧，於是，我們約定了三月西澳的龍蝦季見。

我的內心並沒有遺棄阿拉斯加，依舊想見識一下Alex走過的路、看過的風景，以及冰雪的世界，只是，我需要先多掙點盤纏，計劃在澳洲大賺特賺三個月，頂多六個月後，就回台灣，然後前進我大美國。

俗話說的好：「賺錢之前，要先學會怎麼花錢。」

既然我都要去澳洲賺大錢了，那我就要在這之前把錢亂花光，一件一萬八的Gore-Tex外套，毫不手軟。除了升級戶外裝備之外，還到處找朋友吃飯，通通都我買單。完全沒提要去澳洲賺大錢的事，因為爸媽有說賺錢要低調，而且我也只打算去幾個月，只說我要積陰德做公益救濟你們這些窮鬼，這錢是來自保險金，取之於社會用之社會，回饋一下。人生第一次當大爺，買東西吃東西都不用看價錢的感覺，feel so goooooood！

除了預留台灣該繳的保險、健保、手機費用，以及剛到澳洲的基本生活費之外，我把所有的錢亂花噴光。去澳洲反正有好兄弟罩，沒啥好怕的，不多也不少，我就帶了整整一千塊澳幣，如果真的不幸都沒有工作，那麼，我至少也會一個月後才會路死街頭、客葬他鄉。

機票搞定、簽證通過、體檢除了罹患先天性身高缺乏症候群之外，身體健康萬事如意，還有什麼事沒處理嗎？

啊，忘了跟家人講。

「我下個月要去澳洲。」

「蛤？」

「潘帥在那邊，說很好賺錢，叫我過去。」

「機票買了？」

「買好了。」

「簽證辦了？」

「辦好了。」

「阿所以你現在是……」

「喔我只是告知你一下，哈哈哈哈。」

「要去多久？」

「不知道。」

「記得回來就好。」

我爸大概已經習慣我這種瘋瘋癲癲、不按牌理出牌的行事風格。反正我要幹嘛都可以，不要做壞事、花到他的錢就好，眼不見為淨，放我走也給他自由，他倒也樂得開心。

出發的前一天下午，我帶著身上僅存的三萬塊，去銀行換了整整一千塊澳幣，自己一個人去看了一部好電影，晚餐吃了我最愛的燒臘，想起要幾個月才能品嘗到如此美味，我還特地加了肉，油亮亮的叉燒鋪滿白飯堆得像一座小山，讓我不禁幻想起幾個月後，我賺的澳幣也會金山銀山成堆，跟眼前的燒臘一樣閃閃發亮，夾一塊肉入口，澳幣的提味讓美味加倍，我滿足地摸摸外套口袋裡頭的澳幣小寶貝……這時，不由得一驚！

「幹！我的錢呢！」我的錢不見了！我的錢真的不見了！

我把錢放在一個白色信封，然後塞進外套口袋，但現在怎麼找都找不著那個信封，shit！那可是我明天要出發的旅費，也是我畢生的積蓄。顧不得只吃了一塊肉扒了一口飯的便當，我趕緊衝出去找錢，我很確定看電影的時候它還在，所以一定是掉在電影院跟燒臘店這兩公里以內的地方，來回兩三次騎來騎去，就是看不到白色信封的身影，可惡，早知道就用紅包裝起來，因為大家都知道路上的紅包不能亂撿。

找不到找不到，死了死了，完了完了……

天色漸晚，跟我的心情一樣黯淡，我不知道該怎麼辦，難不成要跟我爸借錢，大概會先被他臭罵一頓，就算有錢，銀行也都關了沒辦法換錢（機場可以換啊白癡），我繼續在便當跟電影院之間流連徘徊。

然後電話響了，誰在這個時候打來亂，我心想。

「您好，請問是楊宇帆先生嗎？」

「喔對我是。」你最好有話快說有屁快放有屎快拉，有錢就給我。

「這裡是莊敬分局，有人在路上撿到你的澳幣……」

我趕緊用一輪四十兩輪八十的速度，衝到就在幾百公尺外的派出所，真的是我的小白，感恩警察大人！讚嘆警察大人！不過，到底是為什麼，警察大人可以憑著裝著澳幣的信封袋就找到失主，這是什麼妖術還是心電感應。

原來，代誌是這樣發生的。

總之，有一個超級好心的阿姨，在路上撿到了我的澳幣，還有我新辦的存摺，可能她一翻存摺發現：「天啊，這傢伙未免也太窮了！」便趕緊送到警察局，時間也快逼近銀行的下班時間，阿姨趕緊要警察杯杯打電話去銀行要我的電話，然後跟我聯絡。一切都是那麼的剛好，若不是被好心的阿姨撿到、若不是剛好在銀行營業時間前送去警局、若不是我的手機還有電，我可能當天真的就欲哭無眼淚。

那個好心的阿姨，在確定員警有跟我連絡上之後，便揮揮衣袖離去，我無緣親自跟您說聲感謝，否則，否則我一定至少用以身相許表示我最大的誠意。如果，阿姨有看到這篇文章，事發地點是台南市東區的莊敬分局，時間是民國九十九二月底，拜託您跟我聯絡，讓我親自到府上切鳳梨給您品嚐，表示我的感謝。

就這樣，在短短一個小時內，我的心情像是坐雲霄飛車一樣高低起伏，好險，天公不只疼憨人，有時候也會照顧蠢人，看來前陣子亂請朋友吃飯積陰德，多少還是有點用。

而最幸運的，還不只於此。

物歸原主走出警察局後，我想起了剛剛我只吃一口的燒臘飯，這一次，我一樣把錢放進外套口袋，確定口袋沒有破洞後，把拉鍊拉起來，騎到燒臘店門口，看見我的加了叉燒肉的烤鴨飯，原封不動依然還在那裡，閃亮依舊。

一個小時前，我以為我失去了澳幣一千塊跟燒臘飯；一個小時後，他們始終沒有離開。

這就是我很戲劇性的出發前一天，好的開始就是成功的一半，出發有如此幸運的開始，無疑是給我打了一劑強心針，那我去澳洲還怕什麼呢？

於是，我就這樣子出發去澳洲了，沒有在網路上爬過任何文章、沒有看過任何一本書、也沒什麼人知道我要去南半球的紅土大陸，反正我的十年好友潘帥已經把一切都打理好會罩我，沒在怕的。

是吧！

是嗎……

我死都不去農場（來去當澳客二）

在我出發之前，我就對天發誓，真的是在心裡跟老天爺嗆聲：「拎北死都不去農場！」

因為是在農村長大，我的大腦自動內建了賭爛農業這個選項，從小看阿公阿嬤那麼辛苦，自然不想踏上他們的後路。心裏會怕，覺得去農場就是又累又曬太陽又靠腰，蚊蟲一堆偏僻又無聊，因此，我下定決心只去工廠工作，光是不用曬太陽這點，就大勝。從結果論來看，人還是不要亂嗆聲比較好，特別是跟老天爺，我後來在澳洲是真的從沒有做過農場的工作，跟老天爺對幹的結果就是，回台灣之後種鳳梨。

飛機一到西澳的伯斯後，我並沒有停留，直接搭上灰狗汪汪汪巴士漂向北方，直奔四百多公里外的小鎮——Geraldton。那是個沒有高樓的海濱小鎮，第一印象是一望無際的藍，天空的青藍與海水的湛藍。這裡最大的產業是龍蝦，聽說龍蝦大軍會從非洲那一帶遷徙，用「倒退嚕」的方式，到西澳這邊繁衍下一代。因此，在旺季的時候就會需要大量勞工，背包客彼此之間都會交流工作資訊，大概提前一個月就會跟龍蝦一樣，開始遷徙聚集到此。

江湖傳言，龍蝦工廠是全澳洲最好的工作，沒有之一，工時長，加班費高，工作又相對輕鬆。

抵達G鎮後，按照每個背包客的標準流程，開戶、辦稅號、入住背包客棧、買手機號碼，一切都非常順利，趕快打電話給我的恩師潘帥，跟他報個平安。

「ㄟ幹，我到了啦，阿你在哪？」

「你還活著喔，不錯啊。」

「我死了誰抬你，少在那邊囉唆，阿你什麼時候要過來？」

「我這個這個那個那個，所以就先暫時不過去了。」

「尛!?花惹發。」

「對啦，先這樣，有問題再打電話問我。」

「你去死啦！」

「我死了誰抬你。」

簡單說，我的十年好友，驅車前往跟我會合的旅途上，認識了新朋友，介紹一個不錯的農場工作，他便決定活在當下，先去試試新工作了，反正龍蝦季也還沒正式開始。十年友情就跟闌尾一樣可割可棄，被丟在龍蝦小鎮，意外嗎？認真想想好像也還好，屁孩的感情本來就是建立在衝康來衝康去，互相漏氣求進步。俗話說的好，背包客生活唯一不變的，就是一直在變，只是沒想到在我到澳洲第一天就深刻體會到了。

龍蝦季還沒開始，我沒車沒辦法到處亂跑，小鎮也沒有什麼太多娛樂。一開始我大部分時間就是逛超市、去海邊曬太陽游泳，最有趣的莫過於待在背包客棧酒醉，跟世界各國的背包客喇低賽畫虎爛。為什麼一定要強調酒醉，因為我個人不知道為什麼，喝完酒之後，比較沒有羞恥心不怕丟臉，英文腦才會被開啟。很多人聽到我去澳洲旅遊打工，通常會有這種反應：「你英文一定很好，我也想去，但是我英文很爛。」我的英文就很好嗎？

或許吧，聯考英文八十分，應該有符合眾人視為英文好的標準。從國中到高中，我讀了很多的英文，但是但是但是，我幾乎沒有說過半句英文，我輸入了很多資訊，卻不知道該如何輸出。雖然因為愛看美劇的關係，還不至於鴨子聽雷，但要我從容地加入歐美背包客的對話，說真的啦，難度頗高，大多數時間我只是陪笑的聽眾，常常打完招呼問對方在幹嘛後，對話就會有點卡住乾掉。

英文很爛，就不能去嗎？

每當我被問這個問題時，特別是校園講座，學生們對於出國或是旅遊打工特別有興趣，但都會卡在自己覺得英文能力不足，於是我就會反問對方：「你知道明天的英文怎麼講嗎？」

「Tomorrow，禿媽肉，這麼簡單。」

「好，那你可以出國了。」

為什麼我會這麼說呢？我當時碰到一個台灣人，跑來問我「明天」的英文怎麼講，他明天想要退房，但不知道怎麼跟櫃台說。他學了之後就對櫃台說：「Tomorrow、Go、Go、No Stay」，這樣也可以通，我真的是佩服這傢伙。他快三十歲了，原本在台灣待在很穩定的銀行業，我半開玩笑問他，英文這麼爛怎麼也敢出國，他說因為女朋友想來，所以就為愛走天涯，英文無阻礙。一山還有一山高，沒有最爛，只有更爛。

我也碰過三個台灣人，站在麥當勞的櫃檯前猜拳，起初以為他們是在玩什麼遊戲，結果他們不敢點餐，要推派代表上前迎戰，反正都有圖片，比來比去，總是不會有什麼差錯。但有時也會發生烏龍，在Subway潛艇堡，一個很容易緊張的小女生，我相信她在排隊的時候，在腦海裡已經練習了幾百次點餐的對話。

首先是選擇麵包，這簡單，有圖片可以用手指；接著是口味，小問題，幾個單字的組合；再來選擇起司，糟糕糟糕，起司的名字她不會講，算了算了，就用手隨便指一個就好；然後，選擇蔬菜，但她的腦袋還卡在剛剛起司那關，挑食的她很想跟店員說不要橄欖、小黃瓜、青椒，卻亂了陣腳不知該如何是好，後面還有很多客人等著她往前進，店員也想趕快加速作業，便問了：「you want it all？」「All、All、All.」女孩已經緊張到不知道該如何是好，她看著不喜歡的蔬菜夾進潛艇堡，張著嘴卻無法阻止一切發生。

最後到了選擇醬料這一關，她基本已經失去英文能力，內心慌張無法決定，嘴巴順著剛剛說的話：「喔喔喔。」

「All？」店員震驚地想再確認了一次。

「喔！」女孩的腦袋裡大概只剩這個詞彙。

於是，店員很盡責地，把七八種醬料，蜂蜜芥末、凱薩醬、橄欖油、沙拉醬、紅酒醋……很努力的擠進一個小小的潛艇堡。我能想像當她一口咬下那個醬料堡時，心情跟味蕾會一樣複雜。

我自己也鬧過一些笑話，剛到沒幾天，在公園遇到很熱情的大叔跟我問好「How are you to die？」

「What !?」我內心一驚，這是什麼問候方式，問我怎麼去死嗎？我知道西方人都比較開放，但一見面的話題就是問我想怎麼去死，會不會太猛了，我這保守的東方人可承受不起。後來一直Pardon、Pardon，才知道人家說的是「How are you today？」

光是口音，一開始就得花一些時間適應，不只是澳洲腔，小小的背包客棧就有來自香港、法國、德國、義大利、日本、韓國、美國、西班牙，八個不同國家的人，每一個人都操著不同的口音，很容易從對方的口音去判斷是哪個國家的人。比方說法國人的英文都糊在一起、德國人的英文最標準、日本人不會捲舌，而義大利人的英文有夠爛，卻也能跟大家溝通無障礙，我問他有什麼訣竅：「用英文去拼義大利文，然後喝酒。」

語言，絕對會是出國的第一個文化衝擊。

在升學主義掛帥的台灣，英文始終都只是一個考試用的工具，卻從來沒有應用的機會，input跟output中間，有條巨大的壕溝，於是，我們就只能先硬用，學了再多，都比不上把自己丟到全英文的環境裡頭。比方說，你問我，假若聽不懂對方的話，要怎麼有禮貌地請對方再重複一次。拜託，問這種問題簡直是侮辱我的智商，這簡單到連考試都不屑考，不就是「Pardon」，誰不會？非常好，我就是不會。實務上，出了國，一開始我聽不懂對方在說什麼，我會跟他說「蛤？」對方就會一臉疑惑的反問我「Pardon？」這時候我才會驚覺自己剛剛出糗了，趕快趴燈趴燈回去。

一開始，總是會因為口音或是怕講錯，比較害羞，若是在一群歐洲人裡頭，只能陪笑居多，不太敢開口講話，後來慢慢混熟後才比較敢開口。還曾有人半開玩笑地跟我說，原來我不是啞巴，而且英文還講得很好，覺得我的口音很好聽，不是客套，是發自內心，因為那個搞笑的義大利人都會被拿出來鞭一下，他的英文才有夠爛。口音？有嗎？意思是，我帶著台語腔的英文很好聽嗎？

從小到大的英文學習過程，接觸的不外乎是邪惡美帝或是大英帝國，無形中，似乎就會覺得，那樣子的口音腔調才是所謂的正統，從來沒人告訴過我台灣口音這件事。沒想到，當我操著有點沒自信的台灣口音走進世界，這世界卻給了我無比自信，不管是來自哪個國家，他們說的英文，都很自然的參雜了他們原本母語的口音，這是非常自然的，語言本身就是美麗，無關優劣。

回想我以前還上過一種正音班，文宣清楚的抓住台灣人普遍缺乏自信的心理，再參雜一點恐懼行銷——「擺脫台灣口音，讓你Speak English like an American.」我不是說學習美國腔或是英國腔不好，只是，在這之前，我們的教育是不是應該要告訴我們，擁有台灣口音本身也是一件很美的事。學習語言，無非就是要能夠與世界接軌，培養國際觀，但若沒有先自我認同，一味的崇洋，是否就有點失去了本質。

後來順利跟各個國家的人交流聊天，讓我更深刻體驗到這點。除了喝酒聊天耍白痴之外，我們當然也是會有些正常的對話，就像我在出發前的期待，要去多認識不同的國家。

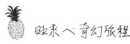

我發現，每個國家的人，好像都可以很有自信地介紹自己國家的時候，我卻卡住了，倒也不是真的講不出半句話，而是我只好像只能講得出台北101、太魯閣峽谷、原住民、夜市、小吃、China is part of Taiwan，然後……然後就沒有然後了。我好像無法像其他人，很有自信、很驕傲地去介紹台灣。

為什麼會這樣？

那些課本上的東西，離我太遙遠了，我不住台北；太魯閣跟我隔了一個中央山脈；我不是原住民；美食就只是很好吃，當我嘴巴講著一堆跟我生活沒有直接關聯的東西，自己的內心是感到空虛的，就像我曾經開過一個出國唸書朋友的玩笑，他們在留學生之夜穿上不知道去哪弄來的原住民衣服，播著原住民音樂，跳著網路上看來的原住民舞蹈，然後這些人自己在台灣跟原住民扯不上任何一點關係。

我並不是要去批評，說這些留學生消費原住民文化，我相信他們的內心跟我一樣感到無比的困惑，大家都想要有自己的文化，但是我們從小到大的教育，似乎都沒有告訴我們在哪。

台灣很好，很乾淨、很安全、人民很和善，但跟其他國家相比，好像少了一個強而有力的文化標誌，如同壽司之於日本、泡菜之於韓國。講到台灣，第一個我會想到什麼？老實講我不知道，什麼都有，就表示什麼都沒有。我迫不及待學了英文想要跟國際接軌，但當我走出去的時候，卻說不出我是誰。這個問題，似乎直到我回關廟種鳳梨後，才得到了一點點解答。

我帶著鳳梨去村裡的國小上課，我問這些小屁孩第一個問題，可能就是核心。

「你們知道鳳梨要長多久嗎？」

小鬼頭們七嘴八舌舉手亂回答，一個月、四個月、十個月、十三個月、十五個月……

最後公佈答案：十八到二十個月！

登愣，沒有人猜對。

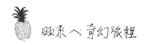

這些小朋友跟我一樣，都是被鳳梨養大的，幾乎所有家長的主業或是副業都是鳳梨相關產業，再不然，也一定有親戚是種鳳梨的。而我們關廟的三寶：鳳梨、關廟麵以及鳳梨王子，其中有兩樣就是鳳梨，在台灣鳳梨最有名的產地就是關廟，沒有之一。其他地方的小朋友我不管，但我們關廟的小朋友，在一個滿是鳳梨的農村長大，卻沒有人知道鳳梨要長多久，甚至，學校旁邊就是鳳梨田，這個現象，會不會有一點怪怪der。

想起二十年前的我，比對現在的他們，教育的本質，似乎沒有什麼不一樣，阿里山、太魯閣、黃土高原、富士山、南極冰川、夏威夷火山、大堡礁……我們學遍了全世界，卻沒看見身邊孕育自己的鳳梨田，我覺得好可惜。我本來死都不種田，因為不了解，所以感到陌生，陌生自然會帶來恐懼，從小到大看到長輩的辛勞，更把我趕得遠遠的。

我想，所謂國際化的大前提，就是要先自我認同、在地化吧，否則要怎麼走進世界告訴人家我們是誰。認識自我後自然就會發現，原來每個人都是那麼獨特，每個生命或是文化，都有其發光發亮的舞台，走出去看到世界後，再讓世界走進來，尋找自己的定位。

否則，狹隘的島國思維，沒有定位，只有自慰。

或許有人也會懷疑，哎呀，我們這種東西又不入流，怎麼會有市場。真的嗎？最近就有一個很Local的International案例。

赤燭公司用一款名叫「還願」的驚悚遊戲，讓全世界的玩家為之瘋狂。我們姑且先不論這觸及的中國相關事件，就只談產品本身，它結合了台灣傳統宗教信仰與鄉下阿嬤家，這些在大部份台灣人可能都覺得沒什麼的生活日常，再用說故事跟科技的力量，透過遊戲，成功讓全世界的人知道，原來台灣有一種這麼特別的文化，新鮮感與引發好奇，是創造商機永遠的定律。

夠在地，才夠給力。

講那麼多屁話，或許你會想要反問我，「阿不然你現在會怎麼介紹台灣？」這是我最新版本的答案：

我們台灣，就像是一隻頂著高山，徜徉在海洋的鯨魚。從高空俯瞰台灣，形狀就像是一隻鯨魚，靈魂之窗就是首都台北，多雨的東北角就是鯨魚的噴水孔。自古以來，我們就像海洋一樣包容著各種不同的文化。不過幾百年的時間，我們經歷過葡萄牙、西班牙、荷蘭、日本、美國、華人的統治管理。近年來，也多了很多東南亞的新住民，多元文化是我們很大的特色，海洋孕育了台灣各種不同且多元的元素，也將我們優秀的外銷產品送往全世界。

而鯨魚的脊椎，就是護國神山中央山脈，保護台灣免於颱風的侵襲，依山有著原住民與大自然密不可分的文化，據說，整個南島語系的起源就是來自台灣。東北亞最高峰在台灣，我們也有很豐富的高山資源。台灣非常年輕，不管是國家或是島嶼，也因為年輕跟多元的關係，我們顯得有些急躁跟不安，急於尋找自己的定位，跟每個年輕人一樣，但是，人民都很和善，這裡絕對是全世界最方便與安全的地方，沒有之一。

我們也是全亞洲第一，也是唯一一個民主以及同志可以結婚的國家。

而我呢？

我是一個鳳梨農，住在鯨魚的西南方，一個以鳳梨聞名的小鎮，肥碩的鯨魚肚滋潤了這片土地。鳳梨是最代表台灣的水果，除了我們的鳳梨是最世界最好吃之外，鳳梨在台灣更有其文化特色，代表著興盛繁榮還有祝福的意思，敬神或是開業都可以看見鳳梨的身影，而鳳梨酥，也是最多觀光客視為最富有台灣特色的伴手禮，是我們台灣的金磚。

哩賀！哇喜旺來！

Welcome to Taiwan !

你們給我滾！（來去當澳客三）

「一百八十三塊？」

我眨眨眼，揉揉我的靈魂之窗，再瞪大眼睛看清楚ATM顯示的帳戶餘額，就是這個令我震驚的數字。我來到澳洲已經快要一個月，雖然已經去了工廠填資料，但龍蝦季卻遲遲沒有開始，有些背包客已經等到失去耐心，前往其他小鎮找工作，畢竟，這地方除了龍蝦工作之外，沒有太多樂子，一直待著只是虛度光陰又噴錢。龍蝦季一定會開始，但到底是幾月幾日正式開工沒人知道，工廠對外口徑一致：「我們會再通知。」一百八十三塊只夠讓我再活一個禮拜，然後我就要吃土了。

到底要準備多少錢才能出國，也是另一個在校園講座很常被問到的問題，「哩送丟賀！」你爽就好，這是我一貫的回答。我碰過只帶八百澳幣就殺過來的背包客，也碰過很怕死帶了六七千的小公主。帶多少錢才能出國，從來沒有一個標準答案，一個禮拜的住宿加生活費大概就是兩百元，八百塊表示如果一個月內沒有找到工作，可能就得拿著棍棒去路邊殺袋鼠來吃，帶愈多錢會讓初期找工作壓力沒有那麼大，但根據我的觀察，也會讓找工作的積極度下降，人性就是如此。

看到戶頭的錢只夠讓我活一個禮拜，心裡也是驚了一下，我一向是樂觀主義者，反正龍蝦季就要開始了，加上爸爸有說我們台南人吃東西的錢不是錢，於是我就一樣跟著大家喝酒吃肉，反正銀行還領得出錢就好，雖然羊肋排有點貴，不過龍蝦季就要開始了，先吃再說。

結果工廠始終大門深鎖，當初說好的來澳洲賺大錢呢。沒錢沒關係，有金主就好。

背叛我的人都不會有好下場，那個把我拐來澳洲，卻拋棄我跑去農場的潘帥，隔沒多久也跑來龍蝦這邊等工作，因為到了農場才發現那邊不只地點很鳥，連工作也很鳥，薪資更是鳥。盼到金主到來，似乎又為我空虛的銀行戶頭注入滿滿正能量，沒想到，我的金主身上也沒有多少金，雖然他已在澳洲待一段時間，賺到一筆錢後，就買了車子，然後又旅行一段時間，才來到龍蝦小鎮繼續找工作，這大概是背包客的經典模式。

終於，季節開始了。

前三個月工作時間，我先是待在龍蝦工廠兩個月，龍蝦工廠是當時全澳洲最棒的工作，沒有之一，工作相對農場單純輕鬆，工時穩定又長，也有加班費。漁夫們把龍蝦從大海抓回來後，女生會根據龍蝦的顏色還有大小分類，男生就把分類完的龍蝦，倒進養殖槽裡頭。要出貨時，我們再把龍蝦抓出來，泡到一個不知道放什麼藥劑的冰水裡頭，讓龍蝦安眠，女孩們再把龍蝦塞進滿是木屑的保麗龍箱，龍蝦會出口到中國、香港、日本甚至還有台灣，抵達目的地後，龍蝦就又會甦醒生龍活虎ㄅㄧㄥˋㄅㄧㄤˋ叫。工作大概就是這樣，非常單純。

人生第一次跟西方人一起共事，會發覺他們在工作上很愛開玩笑，東方人相對就含蓄很多，儘管平時相處很會說幹話的朋友，工作時也會收斂不少。而我一向是入境隨俗，遇強則強，老闆噴我垃圾話，我也沒在怕的噴回去，比方說當時我操作的一台機器老是會有問題，老闆某次修完後，跟我說：「Don't break the machine next time , plz . I'm begging you , killer .」

我就回答他：「OK ! I will try to break your heart next time.」

聽完他就哈哈大笑揚長而去。大概也是因為跟我工作的氣氛比較好吧，跟其他人相比，我的工作時間就多了不少，有時候如果龍蝦量比較少，老闆會偷偷叫我去上班，叫我不要跟其他人說。

龍蝦工廠到底有多好賺呢？旺季的時候，我領過最多的週薪，大概有一千八百澳幣，換算成當時的台幣約五萬四，運氣好的話，一個月賺個二十萬並不是問題。生活基本上就是龍蝦、吃飯跟睡覺，三件事一直循環，沒有腦袋去思考其他事情。一個禮拜工時最少都是七十小時起跳，到最後都懷疑自己是不是要變龍蝦人，全身上下都是龍蝦的味道，怎樣都洗不掉。人生第一次用這麼快的速度賺錢，想到那時台灣打工時薪一百塊，我在澳洲卻是六百起跳，還真是一點都不會累，我可以再工作三天三夜。

第一個禮拜不會累，第二個禮拜不會累，第三個禮拜開始，好像就有點累了，倒也不是身體的疲累，而是內心感到厭世，怎麼每天都在做同樣的事，一點喘息空間都沒有，我搞不懂哪來那麼多龍蝦，不是說海洋資源匱乏，怎麼龍蝦好像抓都抓不完。不只是我，整個工廠都陷入低氣壓，老闆也感受到大家失去活力變成殭屍，於是工作到一半就把生產線停掉，用發薪資單的方式來激勵士氣，眾人好像有稍微回神一下，但之後又陷入龍蝦地獄，直到老闆叫龍蝦船明日再進港，宣布解散提早下班，全廠歡聲雷動。

「Fuck the Lobster !!!」全體大喊。

龍蝦進入淡季後，雖然還是有工作，但工作量相對不穩定，加上真的是受夠了龍蝦，我就又在朋友介紹之下，跑到了螃蟹工廠，這是我這輩子做過最痛苦的工作。

為什麼痛苦？因為我吃螃蟹吃到痛風。

漁夫把螃蟹抓回來後，倒進一個很大很大的機器煮，我們的工作，是把煮完的螃蟹排好，放在一個運輸帶上送去包膜。於是，我們就會邊排螃蟹邊吃那些斷掉的蟹腳，工廠裡總是充滿著大海的鮮甜。吃蟹肉就算了，由於西方人不太吃內臟，所以我們有一個工作是要把煮好的蟹膏跟蟹黃當做廚餘丟掉，這對我來說是多麼奢侈的事，那都是稀世珍寶丟不得啊，所以我不只邊工作邊吃，還把蟹黃撿回家吃，在台灣吃蟹黃炒飯，我們當時都是蟹黃佐炒飯。撇開沒有龍蝦工廠高的薪水不說，我真心覺得這是全澳洲幸福指數最高的工作了，直到讓我永生難忘那天早上……

有天早上，我依舊開開心心起床，準備要去吃螃蟹，阿不是啦，準備要認真去上班工作賺錢，突然發現，我的手指竟然動不了，雖然不至於到動彈不得，但就是關節地方有點腫脹卡住，心想，我的媽呀，這是花生省摩事，該不會這就是傳說中的痛風吧，我終於達成跟陳昱余一樣的人生成就了。

經過龍蝦跟螃蟹，大概三個多月的工作時間，也存了一筆小錢，我心裡依舊沒有忘記當初要去阿拉斯加的夢想。同時，澳洲好像也沒有當初想像中那麼的無趣，賺錢的感覺也真的是滿好的，似乎可以多留下來繼續玩玩，反正阿拉斯加也不會跑掉。到澳洲這幾個月的時間，大部分都是跟台灣人混在一起，我也開始感到無趣有點膩了，不只英文沒有練習到，也比較少跟其他國家的人有比較深入的交流，我想單飛了，想暫時離開台灣人，自己出去闖一闖。不然，我就來跟阿拉斯加之死的主角Alex一樣，攔便車旅行吧，似乎是個不錯的方案。

當我很興奮跟澳洲白人房東太太兼螃蟹老闆娘說出我的計畫後，她一直告訴我嗯湯阿嗯湯，攔便車很危險，之前有人就這樣被謀財害命，而且愈往北愈是偏僻，原住民很多很危險云云。澳洲白人普遍對於原住民的印象都不是很好，覺得他們好吃懶做，靠政府的補助金過日，整天就是抽菸喝酒，喝醉後在路上叫囂，在外閒晃無所事事。的確，我自己的觀察也是，我們外出也都會盡量避開跟原住民接觸，當時的刻板印象就是如此。

「Oh~~~No~~~ You will die！」

所以呢？所以我才沒在怕的，愈是阻止，我就愈是要去，哼哼哼。謀財？老子一看就是窮酸背包客，我要是有錢，還會那麼辛苦在大太陽底下攔便車嗎？劫色？要是有人看上我又矮又黑又瘦如烏骨雞的姿色，墓誌銘上的事蹟又可添上一筆。害命？老子賤命一條，要殺要剁隨便啦，碰到我就認了。

但是，我卻在女色面前遲疑了。

決定要出發前幾天，我撿了一組歐洲背包客回家住，那是之前在龍蝦認識的朋友，一個帥帥法國小男生，一個超ㄎㄧㄤ白痴英文超爛義大利男以及兩個很正的法國女生，其中一個長得還有點像是奧黛麗赫本。他們幾個人開著一台吉普車到處旅行，他們聽到我想要一個人去攔便車旅行後，也是覺得有點危險叫我不要去。

一天早上，剛洗完澡的法國女生米蘭，身上只披了一條浴巾，哼歌開開心心咚咚咚走過我的床邊，發現我醒來後，挨到我床邊說不好意思把我吵醒，你知道嗎，那是我人生最美麗的起床風景之一。她問起為什麼我想一個人去攔便車，她實在是很擔心，跟她稍微解釋一下後：「阿不然這樣子啦，雖然我們的車子已經很擠了，但是反正你人也小小的，不然就跟我們一起去旅行啊，怎麼樣？」

哇靠，美女對我提出邀約，而且，我知道這群人都是有趣的嗨咖，跟她們一起一定也會很有趣，我的決心如此不堪一擊，就在女色面前搖搖欲墜，我不禁心想，這好像也不失為一個好主意，能擺脫台灣人練習英文，也能比較深入跟外國人相處，而且又是法國美女，說不定我還有機會，嘿嘿嘿。

她綠色的瞳，簡直要迷惑了剛睡醒迷濛的我，她若那時在我的臉頰印下雙唇，我絕對立刻跟她說，帶我走，到遙遠的以後。可惜一切只是我的幻想，她只叫我好好想想，歡迎隨時加入。幻想破滅後，立即回到現實，我要跟Alex一樣走進大自然跟荒野，還有自我對話，我還是想要攔便車來一趟很屌的旅程，謝謝法國正妹的邀約，我想，她的心應該都碎了。

出發當天，我的大背包裝著帳篷、睡袋、個人爐具鍋組，以及夠我吃兩三天的食物，我跟台灣人室友們要一起離開螃蟹小鎮，他們先把我載到往北的大馬路口，我看到滿滿的車潮後，心想，這下妥當了，車子這麼多，隨便攔就有，把我丟下後，他們就又回去打包行李。

一個多小時後，終於有第一台車停在我的大拇指前面，車窗搖下來後，是我的四個台灣人室友。

「哈哈哈哈！哩喜北七喔，要不要上車啦！」

「你們給我滾！！！」

就這樣，我的攔便車之旅，開始了。

肥滋滋的人生養分（來去當澳客完）

我依舊對第一天攔便車旅行記憶猶新，儘管是已經八年前的事。

目送朋友的車車離去後，代表宣告旅程就真的只剩下我一個人了。在南半球的紅土大陸，我心中滿是期待跟興奮，終於要來趟屬於自己的壯遊，幻想著到底是什麼樣的人會停下來載我一程，最好是個辣妹，舉著大拇指陷入鳳梨的異想世界。但是，路上來來去去的車子那麼多，怎麼沒有半台車願意停下來，沒多久，我解惑了。一個很好心的澳洲大叔走了過來，不過他並不是要叫我上車，而是專程過來跟我說一聲加油，跟我說因為今天是國定假日，他們全家出遊，所以不方便容納一個外人，不然如果只有他一個人，他一定會叫我上車，這時我才解惑，原來是因為這樣啊，難怪路上車子那麼多，很多都是Family Trip。沒關係，感謝大叔的鼓勵，我繼續再戰，人生第一次攔便車，總是有新手運吧。

結果，說好的新手運呢？！（怒丟鳳梨）

兩個小時過後，我心想一定是這個地點風水不好，於是我決定換個地方試試手氣，反正我就是要漂向北方，那我就往北走個一百公尺到下一個路口。再等了一個小時後，終於有一台小車車停下來，我欣喜若狂感動萬分，副駕駛座的窗戶搖下來，裡頭是一個韓國人。

韓國人！！！

那時我們的棒球剛打輸韓國，我心中對於韓國有一種莫名的，you know，但也顧不了什麼民族仇恨，我得趕快往北方移動才是上策。這個韓國人說，他已經開車經過我三次了，依舊像個小白痴在這邊攔便車，於是他忍不住停下來問我到底想去哪。

「我要往北邊走？」

「我家在前面兩百公尺，那你要上車嗎？」

「WHAT??」我內心是覺得既好氣又好笑，我等了三個小時，好不容易有台車停下來，然後只能載我往前兩百公尺。

雖然我內心是有點不願意，但心想，往前移動總比待在原地好，既然都要隨波逐流攔便車旅行，那就交給老天爺安排吧。我上了韓國人的車，天色還不算晚，他知道我還想繼續攔便車，就把我丟到下一個幾百公尺外的路口，扔了一張手寫的紙條上頭寫他的電話：「如果到了天黑你還在原地，你走到那根電線桿附近，那邊會有收訊，可以打給我，接你來我家過夜。」他指著遠方一根小小的電線桿，澳洲地大，常常離

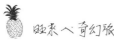

開市區後，收訊就不是那麼穩定。

第一次攔便車的手氣似乎不太順，怎麼跟我想像得不一樣，說好的金髮辣妹呢？跟韓國人告別後，我又繼續等了一個多小時，日頭即將落入地平線，車流稀疏，我已不抱希望，也沒有打算要打給韓國人。我身上有足夠的過夜食物跟裝備，可以在荒野中簡單度過一夜，明日再戰。肩起二十幾公斤的背包，我準備轉身走進路邊的灌木叢，我的背後有夕陽，不過沒有起風，否則還真是有點淒涼。望著遠方，遠遠開來了一輛小巴士，我並沒有打算要攔車的意思，我知道那是旅行社團的車子，人家付了錢，怎麼可能會讓我免費搭車，所以我只瞄了一眼後，就開始收拾東西。

沒想到，我人生中最奇幻的時刻之一發生了，那台小巴士停了下來，駕駛座走下來一名金髮美女：「Are you hitchhiking？」

「YES!!! YES!!! YES!!!」

你知道嗎?當夕陽餘暉映在她金色的秀髮，散發出閃閃光芒，她露出美麗燦爛的笑容邀請我上車，在那個當下，我完全相信天使的存在。我以為人家會對我這種窮酸背包客不屑一顧，沒想到，她藉著讓我上車，跟團員解釋了澳洲的背包客攔便車文化。峰迴路轉、天旋地轉，我終於卸下一天的緊繃跟疲憊，順利抵達一百多公里外的露營地，倚在車窗看著夕陽，我似乎又感受到無限的希望。

第一天攔便車，在關鍵時刻出現金髮辣妹來救命，我果然有新手運！

最後，我在一個半月的時間裡，攔了超過二十趟的便車，旅行超過五千公里，完全完全沒有碰到任何危險跟威脅。硬要說的話，就是會碰到一些中二屁孩，故意停下來叫我上車，等我走近時，油門一踩，馳騁而去，向我展示他們華麗的車尾燈，或是，碰到幾名白人對我叫囂一連串的髒話，「You Fucking Banana」、「Back to your shit」，拎北也不甘示弱舉起中指反擊，當然啦，等他們幾乎是消失在我眼裡之後，除此之外，一路平安，我得到是滿滿的祝福跟鼓勵。原本讓我有點擔心的原住民，不但沒有發生，整趟旅程帶給我最大的驚喜跟感動之一，就是原住民給我的。

我的旅程終點來到Halls Creek，這是一個幾乎都是原住民居住的小鎮，不管是路上、球場、超市……全都是黑壓壓的原住民。他們大概也很少看到黃種人出現，我簡直是受到國際巨星般的注視，加上有些人會對我言語上的嬉鬧，於是對於澳洲原住民的刻板印象就浮現上來，說內心沒有恐懼，是騙人的。我趕緊在超市採買完兩天的食物，然後找了一個還算隱密，看起來像是廢棄活動中心的走廊，鋪好地布跟睡墊後，打算在這邊窩兩天，等第三天朋友開車來跟我會合。

安頓好一切後，覺得自己真厲害，應該沒有人會發現，可以安然度過這兩天。正當我沾沾自喜之際，不知道從哪突然冒出十來個小鬼頭，有幾個衝上來把我包圍，對我嘰哩呱啦問東問西，對於我的長相跟食物感到很好奇。

「Chinese？You Chinese？」

「No，I'm Taiwanese.」

「You Chinese !!!」

「I'm not Fucking Chinese !」

「You Chinese !!!」

類似的對話像是鬼打牆一樣重複，他們腦海對於黃種人的認知大概就等於中國人。或許我是他們這輩子第一次看到的黃種人，他們顯得異常興奮，還有人問說能不能摸我，叫我教他們功夫，我像是一種珍奇異獸，光是教他們一句「哩賀！」就可以逗所有人哈哈大笑。

但我的心裡，其實是有點恐懼，不是害怕這群小屁孩對我怎麼樣，而是這個過夜的地方不如我想像中的隱密跟安全，再加上這又是一個非常「原」的小鎮，一些刻板印象難免會浮現上來。

裏頭一個看起來比較成熟，我猜大概國中左右的女孩子，比較正經地問了我，為什麼不找個地方睡，不建議我睡在這麼奇怪的地方，因為鎮上的人很有可能會來找我麻煩。我就說因為在攔便車旅行，想省錢，所以不想花錢在住宿上面，於是她有推薦了我一間便宜的住宿，但我一路上都沒有花錢住宿，不想因此而破功。

然後，這個年紀小小的小姊頭，做了一件讓我十分意外又感動的事。她把在場所有的小朋友都叫了過來，命令他們，回家之後，不准跟任何人提到有一個背包客躲在鎮裡的活動中心睡覺，否則格殺勿論（誤），講完之後，她就領著一群小朋友，鬧哄哄的離開。有了小姊頭塞給我這顆定心丸，我睡得安穩許多，殊不知，更令我感到驚訝的事，發生在隔天早上。

剛醒來沒多久，約莫七八點，小姊頭又領著一群屁孩軍團，特地帶了早餐給我，確定我昨晚有睡好，沒有受到大人騷擾後才去上學。我其實不是很能理解，為什麼願意如此關照一個陌生的「Chinese」，特別她又只是一個年紀輕輕的孩子；我也不禁感到有點慚愧，當這群原住民小朋友，用一種好奇、關心的心態，想認識這輩子第一個「Chinese」，而我自己卻抱著恐懼跟防備的心理。

澳洲原住民小女孩的出現，彷彿我生命中的一顆星，重新塑造了我的價值觀，我寧可自己去嘗試去了解這個世界，也不願意活在別人的刻板印象裏頭。或許，真的有人在澳洲被原住民欺負，但畢竟那是屬於別人的故事，若我因為這樣就卻步，那我要如何去創造屬於我自己的生命故事。

不禁想起我的白人房東，因為媒體報導，加上身邊的觀察，就把原住民給貼上標籤，我始終覺得，如果一開始就預設立場，沒有敞開心胸，就很難看到另外一個世界的美好，因為我們已經戴上了有色眼鏡。我告訴自己，除非我自己親身接觸體會過，否則，絕對不要根據別人或是媒體報導，輕易地去評論不同的文化。

這趟旅程，最大的收穫，是看清了自己。

攔便車旅行，常常處於很大情緒起伏的狀態，有時連手都還沒舉起來，就有車子開過來；有時攔了好久，經過的每一台車都是一個機會，但過了老半天卻連個鳥都沒停下來，心情難免會失落。對於每一個停下的人都充滿期待，每個人都有不同的長相、背景、個性，卻同樣有著熱情與愛心。

一開始，我充滿雄心壯志，覺得要靠自己的力量進行一趟很屌的壯遊，想要幹一件大事。我的確滿厲害的，靠著一隻大拇哥到了遠方，跟車主去了國家公園，看了很壯麗的風景，曾經睡在一個峽谷的瞭望台，剛好的滿月把溪流映成一條銀帶，我深深被那樣的景緻感動。

時間一久，漸漸地，我對國家公園、巨石瀑布等美景，失去初期的驚喜與興奮，我自以為可以走進荒野跟大自然對話，後來才知道自己還不到那種境界，不同的峽谷跟瀑布，一樣都是石頭跟水，他們都不會跟我講話。

白天，我大多處於一個興奮的狀態，因為我不知道會碰到什麼樣的人，到達什麼樣的地方。到了晚上，我漸漸感到寂寞，在當下沒有人能讓我暢所欲言，能聽我分享白天發生的一切。我便把白天的所見所聞打成簡訊，傳送給我手機裡頭所有的人，不管熟悉與否，然後期待手機震動螢幕閃爍。

旅程中後半段，這種感覺更是強烈，夜裏，我試著問自己為何要把自己搞得這麼痛苦，我大可以放棄攔便車，直接搭灰狗巴士直奔有朋友的小鎮，但又不知道為何，太陽升起後，似乎又把昨夜的情緒烘乾，我彷佛又被太陽充飽電一樣，可以繼續背起行囊。

某天夜晚，我翻著那本讓我著迷的阿拉斯加之死，我嚮往主角那種遠離塵囂走進荒野的壯舉，而如今，我的壯遊不及他的十分之一，我卻產生自我懷疑，到底我在幹嘛，直到我看到主角死前留下的最後一句話：「Happiness only real when shared.」

分享讓快樂變得真實，BANG！

這句話像是一道響雷轟隆一聲打醒了我，到底我的旅程想要追求的是什麼。我突然看到自己過去的無知幼稚與狂傲，想要自我放逐遠離社會，想要為了壯遊而壯遊，想要走別人走過的旅程，卻不知這其中該付出多少的努力跟風險。

生命的本質就是要去追求幸福，而幸福，無非就是從分享開始，分享人生一路上碰到的酸甜苦辣，潮起潮落。

我曾經幼稚地以為，自己幹了一件很少人會做的事，所以感到很開心也感到驕傲。但其實我並沒有，我只有得到短暫自我的虛榮感，我追求的並不是自己真正想要的，我只是想要跟別人不一樣，想要讓別人覺得我很厲害。真正厲害的人多得是，一個人攔便車有很屌嗎？我認識一個朋友他騎單車環遊世界，相較之下，那他不就更屌，陷入這樣的比較是毫無意義的。

我外表的狂妄，某種程度上是反映了內心的自卑。

一整段旅程下來，說來好笑，我體會到一個好像大家都知道的道理。人，才是一切的核心，一個人的壯麗景觀，比不上兩個人的簡簡單單。不能獨善其身，我要對人敞開心胸，去愛人、去關心人，去散播歡樂散播愛，直到世界上充滿太多的愛。

「Happiness only real when shared.」很開心，我不用像Alex一樣犧牲了生命，就能深深體悟到他臨終前的最後一句話。

林懷民老師說，年輕時候的流浪是一輩子的養分，那麼，這趟旅程，可真是把我養的肥滋滋。

偶包我丟掉，哭哭我驕傲

「媽的，我第一次覺得自己好廢……」

鏡頭下的我邊走邊哭，旁邊兩個鼓勵打氣我的隊友看起來很溫馨，但實際上，他們整趟都自己走自己的，把我海放在後頭，直到相機出現要拍下我的醜樣子，才趕快上來攙扶我刷存在感，他們完全成功的扮演豬隊友的角色，終於到山屋之後，我忍不住淚崩擁抱已經是大叔的嚮導，這大概是嚴重的高山腦水腫，意識不清，我才會抱著一個阿伯哭泣。

為什麼人會跑到尼泊爾爬山，說來也是奇妙，有時候，人生就是這樣誤打誤撞。我有個朋友叫小黑，他是名登山嚮導，本來他是要帶朋友的海外登山團，結果不知道什麼因素倒團；小黑有個好麻吉叫蛙大，聖母峰基地營是他人生的夢想清單之一，儘管倒團，但他還是很想去，就跟小黑密室協商，不然他就幫小黑貼點錢，跟黑嫂說是要去賺錢，但兩個男的要在高山上相處兩個禮拜，如果高山症讓兩人意識不清，乾柴不小心碰上烈火，這樣好像也不太好，於是猶豫不決。

某天，蛙大跟我訂了水果，雖然我跟他有合作拍過影片，兩個人都愛玩愛爬山，但沒什麼私交，跟他聯絡出貨時，我只是非常客套基於禮貌不知道要聊什麼問了一句話：「要爬山可以約一下啊。」

「下個月要去EBC，要不要去？」

WHAT !?

會不會有點太突然，有人第一次約出去玩，就直接約聖母峰基地營的嗎？雖然說這條路線是每個愛山人的夢幻聖地，我也非常想去，但這會不會太突然了一些，不是應該要好好計畫規劃，做個體能訓練。我看了下時間，下個月好像還真的可以，機票價格也能接受，蛙大這人很有趣，人來瘋，我也不是個什麼正經的角色，我跟小黑也有一起爬過山，好吧，要去就去，你都敢約，我也沒在怕的。

而我們第四個夥伴，啟任，更神奇，問他要不要去尼泊爾EBC，時間許可他就一口答應，我們原本還以為他打嘴砲，因為直到出發前沒多久，他才買機票，買完機票後他才知道原來EBC的全名叫做，Everest Base Camp，海拔五千五百公尺的聖母峰基地營，原來這是要去爬山的喔。

總之，胡亂成軍，人生常常就是這樣莫名其妙，最精彩的常常就是這樣意料之外，不過，至少我們四個都是有在戶外運動的人，而我又是裡頭最青春的肉體，應該沒啥好擔心的吧，要死也不是我先掛，人生總是需要一點衝動去幹些瘋狂的事。

結果真的很狂，狂到我在海拔五千公尺，哭得唏哩花啦，完全失去我網紅的帥氣、鳳梨王子的英姿、準暢銷作家的形象，還被記錄下來。

往聖母峰基地營的去程中，我一路上嘻嘻哈哈，狀況都很好，到了海拔五千多公尺，還可以來一首黃明志的飆∫∫∫高音，飆到打雷下雨，我繼續邁步前進，想說，這聖母峰基地營，也還好，沒有很難。

沒想到，當海拔要開始下降的時候，我的身體開始出現了狀況，一早起來坐著，用血氧機測量，血液中的含氧只有六十一，這可是到了海拔八千，才會有的數據，沒想到我在五千就能體驗爬聖母峰的感覺，而我的心臟也撲通撲通，比初戀牽女孩的手還要緊張，心中那隻小鹿都快撞牆暴斃，心跳數直逼我的身高，雖然本人不高，但休息狀態跳到一百五，也夠嚇人了，回台灣後問醫生，這送進急診絕對是先插管沒啥好考慮的。

平路時，大概走個三十步，我就得停下來喘氣休息，上坡時，需要一個嚮導在前面拉我，另一個從後面推，我才能用很緩慢的速度勉強前進，我不會說很想死，但是非常痛苦，因為很喘，所以我需要大口呼吸，但是一呼吸，稀薄又冷冽的空氣，又會刺激我的支氣管，讓我咳嗽不止。

我幾乎是用盡了所有的意志力，才讓我撐到了山屋，走了十二個小時，超過二十公里，在海拔四五千公尺的尼泊爾山區，儘管我已經在半路默默哭過一次，想說這樣到了山屋就不會哭哭，但終於到了山屋的那刻，我還是忍不住崩潰大哭，淚水完全止不住，甚至抱著嚮導潰堤。

我在台灣是專業的高山嚮導。

我的專業告訴我，如果今天是我帶的隊伍，隊員沒有到過海拔那麼高的地方，那麼應該得事先服藥，以免發生高山反應，但是我自己做不到，覺得自己在台灣即便到了最高的玉山，身體也是活跳跳，血氧跟心跳表現也都比一般人好，雖然台灣沒有五千的山，但我也從來沒有高山反應過，這樣雖然海拔較高，但不需要負重，上升高度也很慢，應該不用吃藥吧。

對我來說，吃藥就是一種弱的表現，儘管我身上都有準備單木斯跟類固醇，就算我的身體好像開始出現一些異狀，我也不願意相信自己是高山反應，可能只是前一晚沒睡好或是太早出發沒吃什麼東西，反正我們已經要從海拔五千多開始下降了，應該不會怎樣吧。

但我的專業也告訴我，海拔下降，不代表就不會有高山症，只要持續待在海拔兩千五百以上，高山症都有可能會持續發生並且惡化。

總之，我覺得自己陷入一種「專業的傲慢」，因為自己也沒有親身發生過狀況，便忽視了這些很重要的細節，如果在一開始身體有異狀的時候，我就先吞顆類固醇，或許就不會導致後續整個人爆炸，狀態像喪屍般失魂行走，拖累嚮導與隊友的進度，內心感到很慚愧。

「還要走多久啊？」，我問著身後陪我走的嚮導，前方早已看不到任何人，隊友們早已奔向遠方。

「快到了，就在前面，慢慢走。」嚮導揹著我的背包，一直在身後鼓勵我。

終於，我看見了幾間Tea House，應該就是今晚要住宿的地方了吧。

「到了嗎？」我有氣無力地問了嚮導。

「我們休息一下。」

休息的意思，就是還沒到啊啊啊，我突然覺得自己金架係幾咧北七，我在台灣帶隊的時候，每當有隊員問我到了沒，我也都是幹話連篇「再十分鐘」、「拐個彎就到了」、「快點，前面有7-11」，全世界的嚮導話術都一樣，總不可能跟一個狀況不好的隊員說「還很遠，走快一點」，我若當下聽到一定崩潰立刻倒地罷工拒走。

類似的情節發生了幾回後，我也就懶得再問嚮導了，反正，我只能繼續走，一直走，慢慢走，我們也停止了對話，專心在我們唯一能做的事情上面，那就是走路，仿佛整個喜瑪拉雅山區，就只剩我跟嚮導的呼吸跟腳步聲。

其實我很想放棄，無時無刻都在想著能不能不要走了。

我的專業告訴我，當下的身體狀態，還要過冰河地形、碎石上坡跟下坡，就算我不會死，我也會很痛苦，非常痛苦，而某種程度上，我是在賭命，雖然整體來說海拔是下降，但其中有一段困難地形，我們的海拔一直上升，我們必須得翻過一個山，才能像嚮導說的「all the way down down」，對於一個有出現高山反應的人，海拔上升，絕對是一件非常高風險的事情。

我超級無敵希望自己出現頭痛頭暈胸悶噁心想吐，一旦再出現一種症狀，我就會毫無懸念確定自己是高山症的危險份子，再走下去可能真的不只是痛苦，而是死亡的徵兆，可他媽的就是沒有，偏偏就只有血氧低、心跳快、走很慢，我的意識非常清楚，我心想，為何不直接賞我個痛快讓我一刀斃命，而是要這樣凌遲慢性折磨我。

其實，我是可以直接搭直升機下山的，我的嚮導不只一度考慮要叫直升機送我下去，直升機保險我也都有買，甚至，我的隊友也覺得搭直升機下山不錯，倒也不是覺得我拖累大家，而是覺得人生難得有幾次機會可以搭直昇機，不搭白不搭，而且是專業的嚮導判斷後覺得我可以搭直升機下山。

但我不想，儘管身心靈飽受煎熬，內心深處就還是有一個聲音，覺得自己可以，想拚看看。

有人問，為什麼我可以堅持下去？

我會說「敗也專業，成也專業。」

關於爬山，我還是有我自己的專業判斷，儘管我之前因為自己的一些疏忽，導致身體出現狀況，但我仍然有我的專業，我知道自己的意識清楚，因為可以左右手五根手指互相碰觸，我們有血氧機，隨時檢查血液中的含氧，雖然數值依舊很低，至少沒有持續下降，而是很慢很慢的恢復，我也有吃了高山症藥，行走的過程，我也都一直在觀測自己的身體有沒有出現另外的高山症狀。

我很希望有，可惜事與願違，所以我還有一搏的空間，加上我還有豬隊友，雖然他們看起來都不管我的死活，自己走自己的，在夜裡睡覺的時候，他們還是會來關心一下我的死活，因為我們知道，夜裏最有可能高山症惡化，萬一急性高山症，引發肺水腫或是腦水腫，我可能就嗚呼哀哉，給我家人一次出國到尼泊爾的機會了。

續行，隨著海拔逐漸下降，身體狀況雖然有慢慢回升，但依舊痛苦，高山的空氣乾冷，我的支氣管本來就不是很好，吸到冷空氣很容易咳嗽，所以我就戴起了口罩，但又因為血氧偏低，所以心跳加速，我必須大口呼吸，才能提供身體足夠的氧氣。想深呼吸口罩卻阻隔了空氣，邊走邊咳，乾咳，有時候咳到自己都很生氣。有幾次，夜裏我得坐著才能稍稍停止咳嗽，否則，躺下來就是一陣狂咳。

硬撐到達目的地後，我就潰堤了，其實我在路上已經邊走邊哭了好幾次，想說這樣到山屋後就不會哭，沒想到還是忍不住哭給大家看。這一路上真是太艱難了，我抱著陪我慢慢走路的嚮導痛哭，他絕對也是非常辛苦，我自己也壓隊陪走過，沒辦法照著自己的節奏慢慢走，絕對是肉體跟心理的磨練。

時空若是倒回一年前，我的偶像包袱與完美主義，絕對不會允許自己做出這種該死的丟臉事，我身為一個英俊瀟灑高大挺拔堂堂五尺三的真男人，怎麼可以在眾人面前崩潰大哭，雖說人生不是沒有崩潰過，發生山難那次就是完全崩潰。但對我而言，這次瀕臨崩潰的經驗比完全崩潰更慘！因為發生山難時，任何想法都沒有益處，唯一選擇就是等待他人伸出援手；然而若僅僅「瀕臨」崩潰，還是得靠自己的力量振作起來，然後完全不知道後面有何變數，所以心理狀態會比真正崩潰時更煎熬。

總算達成目標後，我內心維持的武裝也跟著瓦解了，整個人在山上哭得尼泊爾差點水災，還放上臉書跟大家分享自己的成長，這是阿嬤過世後，我最大的自我突破之一。不管誰說什麼，不管他要笑還是要品頭論足，至少我有誠實面對自己的脆弱，認清不是任何事都可以靠自己完成，我不想一直維持那個眾人面前楊宇帆很陽光很正向的形象，太累了。男兒有淚不輕彈，為什麼男生就不可以流淚，要假裝堅強去壓抑自己的情緒。

「人生很美好，到五千就好。」經歷這次的痛苦後，我原本第一個想法是已經夠了，不用再特別挑戰什麼高度。畢竟對一般人來說，五千差不多就是一個門檻，要再繼續往上，就需要具備更專業的技術與更好身體素質。有人問我會不會想爬聖母峰，我斬釘截鐵地說不可能，我不想死，但前陣子又有朋友約我去爬個六千的山，我心中犯賤的靈魂，卻又默默答應：「人生很美好，六千可能會更好」。

與其說我喜歡高山、喜歡挑戰，倒不如說我更喜歡的是人與人在山上相處的感覺。山上的資源稀少，人與人的關係反而更加純粹與緊密，我們帶著最有限的物質，去體驗最無限的大自然。爬山對我來說，就像是一種肉體的折磨、靈魂的高潮，特別是經歷一些狀況後，更能清楚地看見自己，無論平時多會偽裝武裝，在那種環境下都無法掩飾，可以看見彼此最真實的一面。爬山的目標很簡單，開開心心上山，大家一起度過難關，平平安安下山。

話說回來，最後能平安結束，不僅感謝嚮導與豬隊友，也很感謝老天爺，因為後來有位台灣人在尼泊爾山區不幸過世。我為他哀悼，也為自己能夠平安度過一切而感恩。在台灣大難不死，在尼泊爾又驚險度過，老天既然繼續留著我的命，代表我應該還有很多未完成的使命、很多必須說給大家聽的故事。

第 2 篇

旺來ㄟ奇思異想

我的思考方式，其實也很單純，這是不是一件有價值的事。種田，是不是一件好事，是；友善土地，是不是有其價值，是；針對不適合的政策發聲，是不是身為一個愛台灣的人該做的事，是。

如果，這是一件值得去做的事，那麼，即便做壞了都值得，你永遠都無法預測會有怎樣的意外收穫。

所謂的勇敢

我人生第一次情緒失控，是在二〇一九年的秋天，在海拔四五千公尺的聖母峰基地營，淚水像打開的水龍頭，嘩啦啦怎樣都關不起來，差點要引發尼泊爾山區土石流，現在回想起來，依舊覺得很好笑。

我崩潰大哭的部分原因是自責。

自責沒有把自己的身體照顧好，好歹我在台灣也是一名高山嚮導，我的專業告訴我，上了山，所有身體的細微反應都會被放大，所以，盡量不要做在山下不會做的事情，比方說喝酒，酒精會影響高度適應。

但我喝了一點酒，一點點的威士忌，甚至不到一個瓶蓋的量。

平常的我是不太喝酒的人，那天下午跟著挑夫小弟到他們當地人的山屋瞧瞧，年輕人不外乎就是喝酒打牌賭博殺時間，於是，我就入境隨俗，想說之後高度就要下降了，就淺嚐那麼一點點小酒，當天晚上並沒有任何異狀，就跟山下一樣，臉紅紅的，有點愛睏。然後隔天就炸了，一覺醒來，心跳逼近身高，雖然說我長得不高，但那樣的心跳，也真的不算低了。

當然，我不敢百分之百肯定，身體出狀況就一定是跟前一天的酒精有關聯性，畢竟，高山症無法預測，海拔下降後再出現的案例也不是沒有發生過，但是不管怎麼樣，我對不起自己的專業。

再來，讓我最無法接受，心裡最調適不過來的，就是我這輩子從來沒有當過弱者，從來沒有那麼無助過。

在台灣爬山，我從來沒有狀況不好過，體力不至於到全隊最好，但最爛的那個人也不會淪落到我身上，我永遠都是在隊上講幹話娛樂大家提振士氣，幫狀況不好的人背東西，或是壓隊陪體力較差的隊友走的角色，從來沒想過會有這麼一天，必須要有人陪我走，陪我走就算了，上坡路段，還得出動兩個人對我又推又拉，否則我根本是舉步維艱。

儘管有嚮導的協助，但基本上大多數的路段，還是都得靠我自己去完成，他們只能給我精神上的陪伴，沒有人能跟我說話，我只能自己跟自己對話，有時鼓勵、有時懊悔、有時自責、有時也很想放棄，不斷幻想一些美好的畫面，暫時蓋過肉體跟精神的痛苦。

我覺得我這輩子，從來沒有這麼無助與無力過。

活到三十歲，人生難免都經過一些波折起伏，不管是二度被退學、職涯的抉擇、失戀、工作上的挫折、跟家人溝通的問題……但是，身邊都還算是朋友、家人陪著，一路上，我過著算是順遂的人生，明星國小、明星國中、明星高中、明星大學，雖不至於風雲人物眾星拱月，但月亮離我也不遠就是，甚至，正當我準備要煩惱鳳梨的銷售問題時，就莫名其妙上了報紙頭版成為全國焦點，最困難的問題簡直迎刃而解，要知道，那時我連一顆鳳梨都還沒種出來，訂單就像海嘯那樣湧來，擋也擋不住。

我雖然稱不上高富帥的人生勝利組，但是，失敗這兩個字，他媽的離我很遠，超遠，或許聽來有點討人厭，但我內心就真的是這樣覺得。我還真不知道，「弱」是怎麼樣一回事，直到我在海拔五千公尺，才看到自己的脆弱與無知。

從小，我就是個很獨立的小孩，或者是說，太獨立了。

十四歲左右，因為家庭因素，不想看到爸爸跟阿姨為了小孩在家裡吵架，我就主動提出一個人搬出去住，從此開始自己打理生活大小事。為了不想讓家人朋友擔心，我始終表現出很堅強的樣子，如果無法，那就假裝，我希望，讓大家看到我很好的樣子，不要讓別人的困擾跟擔心。

我有多ㄍㄧㄥ呢？最近一次的事件。

一群朋友在台南安平四草附近露營，我騎著心愛的歐兜拜去找大家聊天喇低賽。

一時興起跟幾個朋友玩平衡車在馬路上衝來衝去，結果嗨過頭一個不小心，我仆街衝了出去，右手腕直接著地攻擊柏油路，除了皮肉傷之外，手腕的形狀也變得有點「怪異」，但我為了不讓別人擔心，也不想掃大家的興，就默默地跟大家說手好像扭傷了，需要去看一下醫生，晚點看怎樣再過來，一個人迅速告退。

走去牽摩托車的時候，我的右手痛到無法活動，連催油門的力氣都使不出來。於是，堅強的我做了一個勇敢的決定，那就使出黃金左手吧，先用左手催油門，保持平衡，有一點點速度後，再把右手扣上去，保持速度，用時速二三十騎了十多公里，到成大醫院急診。後來，X光一照，右手遠端橈骨骨折。

沒想到不想讓別人擔心，反而讓朋友感到更擔心，他們當下不想直接戳破我，畢竟，我看起來只是臉色有點不對勁，仍然還是有說有笑。稍晚，他們打電話來關心狀況，他們才知道我人正躺在急診室，等著手術開刀。

之後，一個朋友很嚴肅地跟我說了這段話：「我們不知道你在假裝堅強什麼，萬一，你自己騎車的路上又出了什麼意外，你覺得我們心裡會舒服嗎？朋友有狀況，你都會熱心幫忙，你自己今天有狀況卻不讓朋友知道，你這樣有把我們當朋友嗎？」

過去的我，就是一個這樣的人，心理上有很沈重的包袱，或許是家庭因素；或許是社會光環；或許是偶像包袱；或許是心中自己解不開的結。總之，我很不喜歡麻煩別人，總覺得會造成別人困擾，同時也覺得對外求援是件丟臉的事，我不想讓別人覺得自己是弱者，再怎麼弱，也要假裝I'm Fine. Thank you, and you？

這樣的天生性格跟成長背景，導致我成為有點龜毛的完美主義，總是希望可以寫出一篇很屌的文章，做出完美的產品，而且一次到位，炸翻全場，不允許自己在過程有什麼瑕疵。就因為這樣，在過程裡頭，我變得反反覆覆，不時在推翻過去的自己，總覺得可以再更好，以至於卡在現況，寸步難行，拖延症就此而生。

我想要一百分，不想丟臉，想被別人稱讚，想讓別人覺得我很強。

就拿出書這件事來說吧。從簽約那一刻開始，出版社就給予善意提醒，如果有需要協助，不用客氣，他們都能提供資源，甚至請寫手幫忙都可以。我那時心想：「哼，拜託，我又不是不會寫的人，寫手有我會寫嗎？別人怎麼可能寫得出我的故事、我的味道，當然是要由我自己來寫，才原汁原味。」於是有段時間，我就卡關了，很卡，男神卡卡，出版社理解我的堅持，很想協助卻也無從下手，我依舊撞牆。直到從尼泊爾崩潰大哭回來之後，突然覺得，無所謂的堅持實在是沒有什麼意義，我反過來主動跟出版社聊了自己的狀況，主動尋求幫忙。

一直都覺得，寫自己的故事，沒什麼困難的，直到我自己下筆才發現，要去挖掘自己的內心並不是件簡單的事，特別是當下這個事件，可能由過去的經驗而來，進而影響到未來思考。我自己是局內人，很多細節對我來說都很重要難以取捨，再加上我是個很天馬行空，組織能力很差的人，要在一片混亂當中去理出一個頭緒，對我來說非常困難。

回到出書的初衷，除了我想當暢銷作家之外，再來就是也很希望自己人生的一些故事，可以給其他人不同的啟發，傳遞一些不同的價值觀，給大家多一點的思考。那如果，我空有一個好的故事，但是自己卻寫不好呢？如果，有人真的比我更會寫呢？既然是專業的寫手，那我為何不接受別人的專業。這就有點像我提供一堆很好的食材，但是我不太知道怎麼炒這盤菜，於是有人幫我把好的卻不適合搭配的食材拿掉，再把料理的步驟告訴我，最後我再來調味，也不失為一個好方法。出版社可以看見進度，寫手發揮專業，我這邊也輕鬆一些，有一篇篇好的文章產出，何樂不為，真是不懂我之前到底在堅持什麼。

之前我對於寫手，也是有點不信任，因為我覺得自己很強。在尼泊爾的山區，我學到的第二課，就是體驗到合作互信的重要性。一開始在上坡路段，嚮導對我伸出援手時，我其實是心不甘情不願，沒有牽到正妹的手就算了，竟然還要牽一個中年大叔的手。那時的我內心是有點抗拒，但為了團隊的進度，我還是勉強伸出我的手，讓他被動地拉著走。

幫助一個需要幫助，但內心又不願意被幫助的人，是很吃力的。我自己帶爬山，不管是帶小朋友或是大人都會碰到類似的狀況，明明就已經氣喘吁吁、脫隊愈來愈遠，甚至到臉色蒼白，詢問需不需要幫忙時，都會說：「沒關係，我休息一下就好，你們先走。」或是很想幫對方把背包淨空，減少負重，讓他可以輕鬆一點，對方會很勉為其難地拿出一點小東西，完全起不了作用，有些山難都是在這種很ㄍㄧㄥ的狀況下發生。團體裡頭有這種隊員，有時是滿令人頭痛的，走著走著，我才驚覺，自己怎麼也成了我不喜歡的那種隊員。

什麼男子漢的矜持我管他去死，我只想趕快脫離當下的痛苦，我伸出手了緊緊握住嚮導厚實的大手，兩人齊心出力努力完成困難的路段，果然，行進的速度遠比他一廂情願的出力，快上一些。

但是鄉親啊，不要看到這邊，就想說「原來這本書都是別人寫的」，就把書拿去燒了。我敢拍胸脯保證，這本書有超過百分之九十五的文字是出自我手，如果有半句謊言，一輩子陽痿不舉，種的鳳梨每一顆都跟我的蛋蛋一樣大。而且奇妙的是，當我心中的結解開之後，之前卡的關也迎刃而解，我能更清楚地看見自己，後續進度以神速追上，寫起文章來行雲流水批哩啪拉跟我的排便一樣順暢。

看見自己的脆弱之後，就會覺得過去的自己怎麼會那麼可愛跟幼稚，竟然會覺得世界上存在著一種叫做完美的東西。大環境跟時空背景一直在變化，我們必須不斷去調整迎接世界的挑戰。加上現在社會的步調又比以往更快速，當我十年磨一劍準備要上戰場時，人家都已經在用核彈了，到時候怎麼死的都不知道。

完成，遠比完美還來得重要多了。

當然，我並不是說就要因此降低自己的標準，我依舊是那個追求一百分的自己，只是過去的我，會因為只拿到九十九分，事後檢討那一分，卻忘了鼓勵那麼努力達到九十九分的自己。而如今，我只追求每一次都有成長的自己，成功是假的，成長才是真的，問心無愧，接受這樣的自己，拎北丟喜永遠ㄟ幾霸昏！

所以，勇敢嗎？在海拔五千公尺的山區，用虛弱的身體，甚至冒著有點生命的危險，完成挑戰。或許吧。對我來說，在那個人生中肉體跟心靈都很痛苦的過程中，看見自己內心的脆弱，並且分享出來，才是最大的勇敢。

所謂的勇敢，就是去真實的面對自己。

• EBC 崩潰大哭

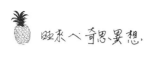

沒有勇敢，只有憨膽

「哇，你好勇敢，回家種田。」
「哇，你好勇敢，選擇有機。」
「哇，你好勇敢，寫信給總統。」

不知道從什麼時候開始，大家都覺得我很有勇氣，各個單位很愛邀請去演講分享怎麼勇敢的做選擇，彷彿我是那種明知山有虎，卻向虎山行的勇士，哎呦喂呀～～搞得我真是有點困擾，小弟在此澄清一下，勇敢這種東西齁，我覺得我是沒有很多啦，我會說，憨膽可能會更適合我。為什麼會說是憨膽，因為我什麼都不懂，所以就沒什麼好怕的，戴著鋼盔往前衝就是了，我管你什麼社會規範價值觀，年輕人終究是年輕人，有一點點勇，但是沒半個謀。

拿種鳳梨這件事來說，說出來也不怕你笑，我是決定要回家種鳳梨後，才知道原來鳳梨他媽的要長十八個月那麼久，十八個月耶，開什麼玩笑，拼一點都可以生兩個小孩了，我卻只能種出一顆小鳳梨。我百思不解，平常每天吃的米飯，大概只要三四個月；西瓜那麼大一顆，也是三四個月；很多水果都是一年收一次，憑什麼你這個鳳梨那麼不合群，就要長十八個月才能收成，天公伯啊，出來說明一下啊。

我當時手邊的現金只有從澳洲賺回來的二十萬，用我僅存的數學能力算了一下，種苗、翻土、肥料、雜七雜八的資材，儘管我的種植面積不大，但在初期，我大概就需要花五萬塊。隔一年，又得再種一次苗，意思就是說，我會只剩十萬塊，十萬塊要過十八個月，一個月只有五千塊，我是要吃土嗎請問？現在回想起來，還真不知道當初是怎麼走過來的，別說養家活口，連餬口都有問題，只能說證明我真的是我爸親生，他常常會請我吃飯。

好加在我天生不是個對數字太敏感的人，否則也不會被成大經濟退學，不然，隨便這樣算一算，北七才會決定在那個時間點種田吧，好加在我身邊還有一個也不是很聰明的爸爸，一直對我不離不棄。

對於大部分人有腦的人來說，這是一個數學問題，產量、銷售模式、利潤，其實只要跟前輩聊一下，都是稍微可以估算的，畢竟，前方已經有太多的屍體跟陣亡的例子。而我呢？沒有，我沒有想要找人討論的意思。

至於為什麼選擇有機無毒這條路，大概就是蠢吧（菸）。我旺來今天是一個年輕有為的青年，回到我們自己家的土地，自己的土地就是不能用藥，這沒什麼好討論的，全案定讞，不得上訴。

除草？

沒在怕的，我嬌小的身材，就是為了除草而生，我的身高優勢在此得以完全發揮。剛開始也沒啥觀念，看到草就彷彿看到敵人，因為老人家都說草會吃肥料，於是我每天都在跟雜草抗戰，抗到最後，雜草真的是沒有除完的一天，尤其是一下完雨，那個雜草生長的速度，一日不見如隔三秋，怎麼一下子又長到我的腰際，比小孩長得還快，我引以為傲的狗公腰，最後只能一直靠腰靠腰。慢慢才瞭解這種抗戰心態絕對不會有勝利的一天，加上開始吸收農業知識，接觸到草生栽培。田裡有點雜草其實也是一項優點，長期下來可以增加土地的透氣度，增加有機質，還能避免土地直接曝曬，並且保持水分，讓土地的溫度比較穩定，只要別讓雜草太過猖狂，反客為主影響鳳梨吸收陽光、不通風，基本上有些雜草不是什麼壞事。

除蟲？

要除就來，我也沒在怕。鳳梨田最惡名昭彰的蟲害就是介殼蟲，我變身為擁有各式各樣武器的蝙蝠俠，要來對抗田裡的惡勢力，所有想得到的方法我都試過——強力水柱、酵素、肥皂水、苦楝油、蘇力菌……甚至，辣椒水都用上了，噴的我自己霎霎的，搞不清是殺蟲還是自殺，所有的嘗試成效都沒有比農藥還好。看到自己辛苦流那麼多汗水，靠了那麼多腰，好不容易長出來的鳳梨，被一隻隻小小又不可愛的介殼蟲吸附著，囂張地在金黃外皮上吸吮汁液大快朵頤時，內心有種巨大的無力感。

又一個好險，可能是天公疼憨人，當初阿公沒錢，所以留下來的土地，偏到不能再偏，沒有什麼鄰田干擾，否則別人的田一噴藥，我這邊就變成免費的吃到飽。我們的田邊有條小溪，濕氣較重，介殼蟲相對比較喜歡乾燥的環境，田間有雜草，自然就會有以介殼蟲維生的其他生物。最終，我利用生物防治的方式，一物剋一物。人畢竟只是人，無法勝天，更別說逆天，放寬心，在人、環境、還有農作物之間，我試圖去取得一個最佳的平衡。

至於寫信給總統這件事，又是另一個天大的誤會。先讓我來說明一下前因後果。某一年，我們的馬前總統，有鑒於都沒有年輕人想要從事農業，農業為一國之本，涉及重大的國安問題，於是，政府拋出了一個補助年輕人從農的政策，給予一個月一萬八千塊，最低薪資的補助，為期兩年。對於有心從農的年輕人來說，這是場不會長草的及時雨啊，兩年四十多萬的補助，基本的生活開銷便不成問題。但對於我這個滿腹理想跟宿便，充滿抱負的年輕人來說，看了簡直整個懶X都是火。我不敢說是全部的人，但對於大多數當時從農的年輕人來說，我們對於農業，是懷有理想跟夢想，對土地有一種無可救藥的熱情，而我們都深深明白，農業有很根本的結構性跟產銷問題得解決，這才是農業提升轉型的解藥。我多麼的希望政府把錢花在改變系統性的問題，而不是在於補助個人。政府該做的，應該是把環境改善提升，讓大家都有錢賺，產業活絡有希望，自然就會有人投入。

心中忍不住有話想說，我便以返鄉青年的身份，賣弄了一些文采，寫了幾個字上書給馬總統，結果，莫名其妙上了報紙頭版，屎尿未及。一瞬間成為全國焦點後，四面八方雲集五湖四海遊龍的人士隨之而來，政黨、地方人士、大大小小媒體、政論節目、許久沒見的朋友、活動邀約跟合作……就像我鳳梨田雨後的雜草一樣一直來，擋也擋不住。我無法判別來者是善還是惡，是真心想要幫助我、幫農業發聲，還是只是要消費當時在浪頭上的我。最糟的是，我很北七地把電話給馬英九，導致我的電話公開，從早到晚響個不停，電話接到我都覺得腦袋裡是不是要長出一顆手機形狀的腦瘤了。有整整一個月，我都覺得不得安寧，效應還在持續發酵中。

另一件我完全沒有想到，也是我後來最耿耿於懷的——擋人財路。或許我很幸運，家裡有地還靠爸，也不需要養家活口，不需要政府送上門來的一筆錢。但是，對於很多務農的年輕人，這筆錢可以讓他們在當下少一點負擔，有一點喘息空間，我不需要這筆錢，那其他人呢？

想紅、不缺錢、擋人財路的耳語，雖然不曾直接聽到，但或多或少間接傳進我的耳裡，特別是擋人財路這件事，讓我內心掙扎了好久，到底上書給總統，這件事我到底做的對不對。我從來沒有後悔自己做過的決定，但是，若我事先就知道會有這樣的後果，我還會不會做出同樣的決定，一樣選擇種田、一樣選擇友善土地、一樣肆無忌憚直接寫信給總統。我不知道，我真的不知道。

就真的是年輕吧，我從不覺得這表示多麼勇敢，我反而覺得是少了深思熟慮的憨膽，因為無知，所以無所畏懼。有時候知道太多，反而會想東想西綁手綁腳，限制我們的永遠都是已知，未知或是無知有時反而會幫讓我們去突破既有框架，不要想太多，做就對了。

我的思考方式，其實也很單純，這是不是一件有價值的事。種田，是不是一件好事，是；友善土地，是不是有其價值，是；針對不適合的政策發聲，是不是身為一個愛台灣的人該做的事，是。如果，這是一件值得去做的事，那麼，即便做壞了都值得，你永遠都無法預測會有怎樣的意外收穫。

就像Nike說的，Just do it，Fucking Do it！

・上頭版的文章

努力很重要，但是

五點起床，早餐唏哩呼嚕隨便吃一吃，五點半到了田裡，露水很重，我在牛仔褲外頭，跟阿公以前一樣套上了一件雨褲，戴上了袖套跟遮陽帽，先喝了一大杯水準備待會大噴汗以免脫水，拿起切割鳳梨梗的小彎刀，鳳梨採收，開始了。

刺，是我對鳳梨田最深刻的印象。

不說你可能還不知道，除了鳳梨的葉子尖尖會刺人之外，每個葉片的尾端，都還帶著倒鉤的刺，所以我們常開玩笑說，鳳梨田是單行道，若要逆著回來，一個不小心就會被倒鉤的刺扎的哀哀叫，小時候，我常常看到阿嬤在日光燈下面，用鑷子小心翼翼的把插進手中的刺給拔出來，有時候，刺太小看不太清楚，叫我去幫她看一下，我就會很調皮的跑掉。

所以我說，要當個孝順的孫子，不然因果輪迴，現世報來的很快，二十年後就換我被刺。

除了鳳梨刺之外，太陽，也很刺。

南臺灣夏天的太陽，又毒又辣又刺，曬的我皮膚紅通通又發痛，防曬乳？開什麼玩笑，又不是要去海邊。八點過後，基本上太陽就會逼得讓人受不了，上班族剛起床要工作的時間，我們種田的差不多要結束田裡的工作。

下班了嗎？當然還沒。

內褲已經不知道濕了幾回，瞄準田邊一個不知道還有沒有蟋蟀的洞洞，灑一泡尿灌看看蟋蟀會不會探出頭，夭壽，怎麼跑出一道金黃色的瀑布，彷彿維他露P，水又喝太少了，補充水分的速度，永遠趕不上身體水分的流失，缺乏觀念加上我們南部人都是硬漢，喝的水也比較硬，所以，滿多務農的老人家都有結石的問題，比方說像我阿嬤。

有結石，也不錯，我阿嬤永遠都記得尿道結石有多痛，幾顆小石子還放在玻璃瓶裡當紀念，於是，我就會拿著在她面前哐啷哐啷，跟她說，牙齒也會有結石，妳就是不處理牙齒的結石，然後石頭就會被妳吃下去，愈來愈大顆，結果肚子痛要開刀。

儘管她半信半疑，但倒也就這樣被我拐去了洗牙好幾回，老人有時候跟小孩沒兩樣，用騙的最有效，善意的謊言。

九點多，把採收完的鳳梨載回家，整車黃澄澄抹著幾分綠，開始分類選別。

我們要根據大小、成熟度、水分多寡、裂果、蟲害、畸形果，把鳳梨稍微分門別類，完全靠人工，沒錢蓋集貨場，通通在家裡的客廳作業，有時候鳳梨會有比較多的果粉，就會搞得我過敏發作一直打噴嚏，阿嬤還會在一旁碎碎念。

「種這個鳳梨這麼小顆，你是要吃土逆？」

緊接著聯絡客人，確定隔天能不能收件，每個客人的要求都不同，有些喜歡大果、有些偏愛小果、有些可以接受NG果、有些不要太熟、有些要綠一點的敬佛才能擺得久、有些要改收件時間、有些留錯電話、有些等太久不要了、有些要改地址、有些要改轉帳、有些電話死都不接、有些在國外害我變成國際電話、有些說沒有訂、有些……有時候會聯絡的很順利，有時候，十個客人可能才三四個回覆，有夠不順，訂單跟宿便一樣，積在那邊，排不出去。

中午，買了便當，天氣太熱也沒啥胃口，拎上車趕著一點半要去農改場開會，到會場後，已經有點遲到，把便當擺在會議室外頭的桌子，快速扒個兩三口飯，啃大口排骨，不好意思的溜進去，到底會議是在討論什麼我早就忘了，我只記得冷氣好舒服，可以偷偷午休度估一下。

三點，還要回去出貨，就先行告退，沒有忘記被我擺在外頭的便當。

盡量根據每個客人的需求裝箱，由於我們沒有自動化的機器，就得用人工的方式去秤重，有時會因為多了幾百克，於是想找一顆小一點的鳳梨，省下一斤的話，我就能多賺幾十塊，結果，換來換去浪費一堆時間，算了啦，自己可以吃虧，但是不能佔客人便宜，鳳梨在運送熟成的過程也會消水，不能讓客人收到的時候，重量比答應的還要輕。

忙得要死，吉祥物鳳梨阿嬤也不甘寂寞，切了水果要我們吃，要我們休息一下。

但是，我親愛的阿嬤，宅急便不等人啊，我得趕在六點裝好讓他們來收貨。

「阿叫你吃又不是叫你做！」阿嬤也會不爽，覺得自己真心換絕情，好心被雷親。

同時間，可能白天在忙的客人，終於回覆，有鳳梨的話就出，沒鳳梨的話，就得安排其他時間，也有人想自己來載，拜託可以不要嗎，拒絕客人我感到不好意思，但來了我若沒有寒暄一下，也是不好意思，但是我真的很忙很趕沒時間啊啊啊。

六點，來不及來不及了，阿嬤說。

「快點啦，喵喵來了！」那妳剛剛為什麼還要一直叫我吃水果，煩捏（丟鳳梨！）

司機大哥一邊搬貨，我也一邊裝貨，叫他動作慢一點，等我一下，但我手腳實在憨慢，不敵人家專業的俐落，喵喵先行告退，剩下還沒裝箱的鳳梨，我只好自己載去集貨所，最遲七點半要到，因為大車八點要準時發。

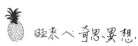

七點，把幾箱鳳梨搬上貨車，還不是很熟練的開著手排車壓死線送到黑貓。

八點，回家坐在涼涼的磨石子地板，看著空蕩蕩的客廳，幾個小時前還滿室鳳梨跟紙箱，一個下午過去，全部淨空，隔天就會跑到全台灣，送進每個客人的嘴裡，一年半前種的鳳梨，直到現在才變成真金白銀，回想一整天充實的行程，我竟像個小北七看著空氣傻傻地笑了。

「咕嚕～咕嚕～」腎上腺素終於不敵肚子的飢餓，身體發出了抗議的聲音，我想起中午還沒吃完的便當，丟進了電鍋重新熱來吃。

晚餐後，還要把明天出貨的紙箱先折起來，再聯絡一些後天可以收件的客人，以及剛剛出貨完才回覆的客人。

忙碌一天，才正式結束，睡前還得祈禱一下，拜託拜託隔天不要下雨。

當然啦，我並不是每一天的生活都是這樣，要是每天都這樣操，我現在大概已經火化成灰了吧，只是，當我回想起這幾年的工作，這一天的印象總是特別鮮明，儘管，這已經是五年前的某天。

倒也不是那天特別忙特別辛苦，而是從早上五點到晚上八點，一整天結束後，把那個被我提來提去的冷便當熱來吃，最後坐在家裡地板上一個人傻笑。

辛苦嗎？肯定的。

幸福嗎？不然我怎麼會笑呢。

總是有人說我很努力很認真很拼，老實講，我其實心裡都會有點心虛，我是很努力很認真沒錯，但說真的，我不覺得自己有那麼地拼，生活對我來說，遠比工作更重要的多，我寧可拼命生活，也不願意拼了命工作。

我總覺得身邊有好多好多的人，實在是比我努力比我認真比我還要拼，甚至過了三十歲之後身體就開始出現一些狀況，但不知道是遇人不淑，或是沒有把自己放對位置，或是種種因素，日子過得有點掙扎。

到底為什麼會這樣？

我在想，有沒有可能，是剛好我很幸運做對了選擇。

選擇比努力更重要

唏哩哩，嘩啦啦，半夜的雨水打在鐵皮上，咚咚聲響，嚇得農人心慌慌，心中只能盼望，望老天有個好心腸，別讓一年的辛苦白忙一場。

返鄉前幾年，不只一次在半夜驚醒，因為雨聲，有人說雨聲是幫助入眠的白噪音，種田的聽到大概會覺得ㄇㄉㄈㄎ或是ㄍㄌㄌㄙ，下雨不只會影響水果的品質，包括生產流程都會受影響，土太濕就無法翻土，之後撒基肥、種鳳梨苗的時間跟工人都得重新安排。旺季時大家都在搶工人搶機器，要是被老天這麼一亂，進度就會大幅落後；我以前是個很好睡覺的人，只要我的睡意一上來，管他旁邊在打麻將洗牌沙沙沙或是外頭在廟會放砲咻咻碰，沒有人可以阻止我想睡覺的決心，奧運如果有睡覺比賽，金牌掛到我脖子斷掉，如今竟然被區區的雨聲給打醒。

好幾次，被雨聲驚醒，醒來後，就看一下窗外發呆，這雨明明也不算太大，到底是要醒來幹嘛，然後咒罵一下阿公，幹嘛沒事讓我夢到他，讓我回家種田，也不繼續托夢一下鳳梨要怎麼種，從此消失，難不成是要逼我去觀落陰問他，睡不好煩惱多，烏黑的秀髮也開始被漂白，難不成，這是在向阿公致敬。

「你有想過要放棄嗎？」

這是我在講座或是採訪，很常被問到的問題。

說真的，沒有，連一次也沒有。

但是，不曾停止懷疑自己過，我常常在半夜醒來後，眼睛看著黑壓壓的空氣，問自己：「為什麼我會在這裡？如果當初……」

如果，當初我好好念完成大經濟系，那麼，我會不會就跟某些同學一樣，在台北101的雲端上班，不到三十歲年薪就破百，說不定還有機會拼個什麼合夥人，每天啪哩啪哩光鮮亮麗，不像我現在指縫都是泥土，唯一一雙把腳包起來的鞋是雨鞋。

如果，當初我好好念完台藝大圖文傳播，那麼，我會不會就踏入藝術或是傳播的圈子，看到以前的同學因為拍片，去了世界上很多地方，接觸到很多不同的領域，一直都有作品產出，雖然也是辛苦，但是熱血沸騰，而我現在只能龜在關廟小小的鳳梨田。

如果，我當初就好好待在聯邦快遞，照著前輩同事們的建議，英文練好，畢業退伍完直接回公司，有打工時累積的人脈跟經驗，加上英文實力不差，只要我想，機會絕對比別人好太多，外商公司薪水不差福利又好，人人稱羨的外商耶，但我現在只能被外頭的太陽曬傷，也是外傷。

如果，我當初選擇回到澳洲，憑我不差的英文能力，加上跟老闆關係也不錯，那時的背包客不多，澳洲經濟又好，只要我試試看，拿個工作簽證留下來，甚至待久了變成澳洲公民，好像也不是不可能，那時澳洲基本時薪台幣五百，而台灣，時薪九十五，還有遼闊的藍天，而我們只有灰濛濛的PM2.5。

如果，我當初就接受好朋友的徵召，去他的工廠上班，在他的栽培之下，如他所說當上了廠長，每個月就會有穩定的收入，工作地方離家裡也近，不像種鳳梨，我跟他唯一的共同點只有收入不穩定，人家的收入會受到景氣影響不穩定，不穩定的高，而我則會受到天氣影響，收入也是不穩定，不穩定的低。

如果如果……

仔細回想，原來在我短短十八到二十五歲之間，竟然也嘗試過那麼多不同的工作。

麵攤煮過麵、剁過東山鴨頭、貿易公司工讀生、穿過吉祥物玩偶裝、發過傳單試用包、請路人填問卷調查、拍過東港迎王紀錄片、貼過馬賽克公共藝術、包過年糕、當過野外研究助理、高山嚮導、家教伴讀老師、人體模特兒、臨時演員、標準化病人、人體藥物試驗、攝影棚工讀生、外商公司內勤、澳洲當過台勞一年、甚至還去過青海當過三個禮拜的台勞。

哇，細數起來，竟然也有二十種。

若要我提幾件人生很值得說嘴的事情，這些年輕的經歷是我滿大的驕傲，倒也不是在於數量，而是在於多樣性。

從時薪六十到一千。

麵攤是我在社會上第一份打工，傻呼呼的十八歲，沒有什麼基本薪資的概念，老闆人很好，時薪六十加上晚餐吃到飽，就覺得好幸福，原來老闆肉燥好吃的秘訣在於加了蘋果西打，記得領到人生第一個月薪的時候好開心，但也覺得，怎麼只有幾千塊那麼少；人體模特兒，則是我打過時薪最高的工作，在路上看到美女，把衣服脫光光會被抓，但我去輔大看美女，把自己全身脫光光，她們還要付我錢，我只要前一天睡飽，隔天在那邊看美女發呆，三小時後，三千塊入帳，人家還要跟我說謝謝。

不過，不管是時薪六十或是一千，錢好像都不太夠用。

從山上到海邊。

我愛爬山，也很幸運過著有段時間，幾乎是把台北房間當倉庫，常常往山上跑的日子，要不是我那年發生山難，不然我有三分之一的時間都會在山上，走進山林，讓我看見了台灣的美麗，也讓我幻想起把興趣跟職業結合的想法，後來發現，嗯湯嗯湯，這樣就不單純了；有段時間也跑過海邊，跟著一個北漂的東港小孩，因為夢到家鄉的王爺，就開始南北兩頭跑拍攝紀錄片，我則是擔任攝影助理，

除了見識到討海人拼酒的海量，更感動的是整個東港對於信仰的虔誠，以及轎班傳統文化的堅持與保存。

不管是爬山人或是討海人，都是那麼的直接跟熱情，以及對於大自然的尊敬，讓我學到了一件事，人就是人，絕對無法勝天，只能順天。

從外商到傳產。

北漂青年的新手運吧，上台北的第一份工作就是在外商公司，民國九十八年我就領到時薪一百五，在外商深深感受到公司把人才當成資產，會投資在員工的個人學習上面，即便我只是小小的工讀生，老闆也一樣很鼓勵我的個人發展，願意給我假去做各種不同的嘗試（讓我去當人體模特兒、單車環島、爬山）；也曾在傳統市場旁的年糕工廠工作過，大節日前每個人都像戰鬥陀螺一樣旋轉跳躍不停歇，每天就是包裝、吃飯跟睡覺，正職員工一天工作十二小時是非常基本的，薪水跟環境當然也是不及之前的外商，讓我不禁懷念起之前的美好時光。

不論是傳產還是外商，人才都是核心，人才在意的不只是公司發的薪，還有心。

從台灣到青海。

在台灣的工作，不論如何，語言跟文化都相通，碰到問題都還算很好處理解決，但到了中國後，一切都變得不一樣，我先跟團隊到了北京後，因為出了些狀況，得一個人帶著一大箱技術設備，從北京飛到西安後，搭火車到青海省湟中，在那個智慧型手機還不是很方便的年代，真有那種拎著一咖皮箱闖天涯的感覺。

從十八到二十五歲，我不斷地在轉換，接受環境的刺激，這是我人生中最混亂，卻也是最瘋狂吸收養分的時期。不管是高級營養品或是廚餘，只要沒有毒不會死，沒吃過我都試試看，如果生物的多樣性愈豐富代表環境愈健康，那想必這幾年的經歷，讓我很營養吧。我就是那種，人家跟我說用頭去撞牆會很痛，但我依舊會去撞看看有多痛的人，我不知道自己到底要幹嘛，但我就是不斷的去嘗試，甚至有點隨波逐流，跟著自己的感覺走。我始終覺得，或許我們都不知道自己天生適合做什麼，但只要試過，就會知道自己不喜歡，這個不要，那個也不要，而每一項工作，或多或少都是一個認識自我的機會。比方說，待過年糕工廠後，我就發現自己無法接受枯燥乏味的包裝工作，我無法把自己變成機器人，會去看別人在幹嘛聽別人在說什麼，甚至去思考要怎麼優化流程，所以效率一直快不起來，不到一個月就被老闆說慢走不送。雖然當下想賺錢的我感到有點不爽，我又不是不認真，但事後再去思考這個工作給我的收穫，表示我未來絕對不適合做生產線的工作。

曾經，我也在路上發過衛生棉試用包，真的沒錢，工作來了，你也沒得選，廠商都不介意了，那也只能硬著頭皮上。一開始內心總會有些疙瘩，男生要發這麼「矮額」的產品，路人會不會也對我有種「矮額」的眼光，後來發現自己真是多慮了，對大部分的人來說，我就只是個發試用品的工讀生，有興趣對方就會拿，跟發送者男不男女不女，似乎沒有太大關係，甚至，有些女生還會因為男生發送女性用品，覺得有趣，多跟我聊幾句。

這個工作經驗告訴我，有時候，我們以為旁人異樣的眼光，都是自己的杞人憂天，大多數的人根本才懶得鳥我，也讓我知道，自己的個性敢去突破傳統，不害怕面對人群。

或許，天公疼憨人吧，我就是透過刪去法的方式，慢慢找到自己的樣子。

所以，我是一個很勇敢去嘗試的人嗎？

一點也不，很多時候，都是被現實所逼，我根本沒有那麼的勇敢，說得好像是我有選擇似的，不然，我怎麼會去當人體藥物試驗（菸）。

比方說，我很不喜歡被媒體冠上「勇敢選擇，放棄成大高學歷返鄉」的光環。

當初別人看來風風光光考上成大，卻是我人生中很低潮的時候，我不知道自己為什麼要來唸這所大學，我也不知道自己為什麼要念經濟系，日子過得很渾渾噩噩，生活唯一的樂趣好像就是家教、賺錢北上找朋友吃吃喝喝。雖然學校有些有趣的通識課程，但我對於本科系卻是一點興趣都沒有，我不知道該怎麼辦，我當然知道好像有其他選擇，轉系或是轉校，但我對於自己想要幹嘛，一點想法都沒有，轉了之後，核心問題沒解決，又如何。

我也不知道可以找誰去聊這個問題，我幾乎都可以想到身邊的人會給我怎樣的回答，不然就先念完，有個學歷之後再說，憑我的聰明才智，高中沒念啥書就可以考上成大，拼一下要混張畢業證書，一點都不是難事，然後呢？畢業之後就先去當兵，再看是要考相關的研究所，或是進相關產業，先工作個幾年存點錢，然後呢？買房結婚生小孩，我的人生可能就這樣定下來了，這或許是傳統價值觀給我們的標準化人生方程式，沒有不好，但這是我想要的嗎？

於是我逃避不敢去面對，最後被退學，與其卡住不上不下維持現況，有時候，我還寧可擺爛，跌到谷底再來個反彈，也不願強迫自己去做內心不喜歡的事。

所以，與其說我很勇敢的去選擇，倒不如說我很勇敢的去逃避，逃避那些主流社會很想要給我的，但本質上卻很不適合我的玩意。

那，我怎麼知道，返鄉務農，是我想做的事呢？

因為，這是我這輩子第一次，那麼想把事情給做好。

某次的演講，有觀眾提問，「你的人生一直在換環境，那你會不會種個幾年碰到挫折就不種了？」

鳳梨不會種，就找人請教，從一開始的亂槍打鳥，後來到農改場有系統化的學習，把土壤跟水源送驗，把鳳梨當成一個人去看，一個有個性的人，心情會受到天氣影響的人。

不只是種植，還要去了解財務、行銷、包裝、設計、銷售，甚至參與社會議題，我敢很驕傲地說，每個返鄉務農的年輕人，都有著三頭六臂，有各種武器從最弱的橡皮筋到毀滅世界的核子彈，不只是強，是他媽的很強。

除此之外，也要勇敢地跟上一代激烈溝通，接收前人的智慧，但也必須讓長輩知道新世界的樣子。這過程很痛苦，但為了讓自己變得更好，溝通、傾聽、反思、換位思考都是必須的。

我爸那個老奸臣，也不只一次試探性的問過我，特別是在吵架之後：「做到那麼辛苦跟不爽，阿不然可以放棄不要幹。」

但是我不想，一點都不想，我也不知道是哪來的力量，熱情、愛面子、沒有退路、傻勁、堅持……我自己也不是很清楚，有時候過程真的很痛苦，不只是務農這件事，特別是從都市回到鄉下後，離家十年了，要回到原生家庭重新跟家人相處，再一起變成工作夥伴，那種情緒常常是很糾結的，我很討厭他，但是我又他媽的很需要他，不能沒有他。

我會不斷的懷疑、質疑自己當初的選擇跟未來，但就是沒想過放棄這兩個字，壓根都沒有。

反正，碰到問題就去解決，我會跌倒，但不急著爬起，先躺在那邊一下，然後再爬起來繼續往前走。

我到現在，都還是很欣賞當初那個厚臉皮的自己。

第一次種鳳梨之慘烈，原本預計十八個月收成的鳳梨，不到一年就提早開花結果，長了一堆也不是不能吃，但就是小顆到我不好意思賣的鳳梨，於是我就到處送人試吃。甚至，聽到台灣第一家有機超市的創辦人朱慧芳老師要來台南，我就像是個超級業務員，用爬山的八十公升大背包，裡頭裝滿了一大堆跟壘球一樣大的小鳳梨，到她的活動地點等她，想請她試吃。

人不要臉，天下無敵，我不是沒有退路，我是自己選擇了這條路。

想到這，整個人就又熱血沸騰起來，我才不想在什麼辦公室吹冷氣、不想拍片、不想待在外商、不想賺澳幣，更不想去朋友的工廠賺穩定的死薪水。

想著想著，天就快亮了，快點起床去阿公的鳳梨田，那裡才是我的主戰場。

給當初自己的一封信

你這個白癡，還記得當初說過的一句話嗎？

那天你去上生產成本分析的課程，老師一開始問了大家：「同學，你們知道自己的生產成本嗎？」

然後你像個猴子一樣興高采烈地舉起手來，跟老師說：「我的生產成本就是——不計成本。」

語畢，全場哄堂大笑，而最好笑的是，我知道你是發自內心的這樣覺得，你那時候天真地覺得，只要不顧一切把鳳梨給種好，自然就會有人買單。在夢想面前，錢一點都不重要，甚至是玷污了自己的理想。於是，你沒有成本的概念，沒有現金流的概念，沒有耗損的概念，也不會跟廠商喊價，你唯一對於金錢的概念就是，只要賺得比花得多，那就夠了。

但現在呢？

現在的我，成為當初那個你覺得市儈的人。

我知道，重要的不只是營業額，而是毛利率，若毛利率愈高，代表這才是一門好生意；而現金流，無比的重要，種鳳梨的完整生意週期很長，從開始砸錢種下去到收成，要十八個月，若中間週轉不過來，就只能嚇到吃土土；我現在也有了自己的廠房、貨車、助理、網站，每個月都會有一筆固定的開銷，鳳梨不是一年四季每個月都有產出，所以，資金怎麼去分配變得非常重要。

以前的你，不喜歡談錢，總覺得談錢傷感情，現在的我，倒是滿喜歡談錢的，因為那很真實，我喜歡真實的樣子，傷感情的永遠都是人，不是錢。

我想告訴你，有夢最美，希望相隨，但是，但是請做好計劃跟停損。

我知道你一開始吃足苦頭，因為你蠢。

衝勁十足很好，但若看到必然的失敗在前頭還往前衝，那就是蠢。我不知道你當初在著急什麼，對於鳳梨完全不了解的情況下，就進了五千株鳳梨苗，胡亂種一通，還記得最後怎樣嗎？原本十八個月才能收成的鳳梨，不到一年就提早開花結果，每顆都跟拳頭差不多大，為什麼？因為當初的苗有點老，你沒有做另外的處理延遲鳳梨苗的發育，於是，她們就急著生小鳳梨給你抱抱。

好險，你也只是蠢了點，腦漿還會流動，才趕緊去上課跟老師請教，人家政府明明就有很紮實的課程，你就偏偏不先去上，要靠自己的蠻力硬幹，結果幹到自己的心裡非常幹。我知道你對上課有點排斥，總覺得上課沒什麼用，但那是學校的教育，出了社會後又是另外一套系統。你並不是在走一條多麼創新罕無人跡的路，這條路上已經有太多人的經驗跟血淚，多聽多學多問多做功課，會讓你省下許多時間，而時間就是金錢。

當然，我知道計畫一定是趕不上變化，但也就是因為這樣，所以我們才更要去計劃，我們才能夠在這個過程中，不斷地回頭檢視自己，為什麼現在發生的跟當初預期不同。創業，某種程度上就是個不斷地選擇，然後釐清自我的過程。

然後，請設一個停損點，我並不是詛咒說你會失敗，而是人力時間資源跟金錢都有限，如果我們不斷地檢討修正，卻又收不到實際的成效，我知道你很認真，但有沒有可能，你根本不是幹這塊的料，停損點也就像是期末考，總是要給自己一個期限，一點時間壓力。

忘了告訴你，創業五年後，只有1%的人還活著，萬一失敗，不過也就表示你跟99%的人一樣，沒什麼，重點不是失敗，而是怎麼去面對失敗，學習到了什麼。

再來，請保持謙虛，永遠都要保持謙虛。

成功，需要很多的天時地利人和，我沒有要否定你的努力，但你的成功，卻也有很大一部分歸功在運氣。你剛好處在一個青年返鄉的浪頭上，加上網路流量的大紅利時機，是這個時代造就了你，並不是你真的有多帥，鳳梨有多好吃，剛好而已。成功的方式千奇百怪，但失敗的人總是走在同樣的路上。我知道你有段時間有大頭病，覺得自己似乎是個somebody，鳳梨隨便賣都搶購一空。沈迷在外頭世界的關注，對於鳳梨的品質、內部生產流程、客人的反應……都有些疏忽，覺得反正客人也沒那麼懂。我不知道怎樣才會成功，但我深知，驕傲絕對是通往失敗的路上會遇到的。

消費者沒有一定要買你的鳳梨，有很多人買的，不是鳳梨，而是楊宇帆這三個字，大家買的是你這個人的品牌，他們相信你的為人，他們買的是你為什麼要去做這件事，而不是你在做什麼事。所以，請你請你，一定不能忘記自己的初衷，那才是你的價值所在。每隔一段時間，都試著把自己歸零，想想當初那個一無所有的懵懂死屁孩，然後再想想現在所擁有的，你會感到無比幸福跟幸運，永遠保持自己的初心。

專注在你能改變的事情上面。

我知道你曾經很憤青，愛鄉愛土愛台灣，所以才會上書總統，也上過一些節目和採訪。我是全世界最了解你的人，我知道你有那個能力，用自己的文字去操作社會事件，贏得鎂光燈的關注，但我也要告訴你，這把尺得小心衡量，社會事件的構成非常複雜，你跟一般人一樣，都只能看到事情的表面就去發表評論，有時候跟那些政論節目上你很討厭的名嘴，差不了多少。

台灣不缺發表評論的人，缺的是捲起袖子做事的人，如果你愛台灣，停止批評，扎扎實實地去做好一件小事。

不要想去改變別人的想法，想想你當初幹過的蠢事，那個帶著藍色帽子來翻土的阿伯，問你喜歡哪個顏色時，你怎麼會白痴到跟他說綠色呢？入境就是要隨俗，搞清楚事情的重點，你，需要他來幫忙翻土，重點是工作，讓他能夠開心的工作，這並不是什麼委曲求全，而是江湖的生存之道，放寬心胸去享受這個過程，管他紅橙黃綠藍靛紫，更何況，你最喜歡的，應該是鳳梨的黃色。

不用一直告訴別人鳳梨有多好有多棒，用你的生命去去熱愛鳳梨，人們自然會對你產生好奇，被你吸引。

謝謝那些曾經的冷言酸語，謝謝那些砥礪，才能讓你的內心更加堅定，你也無需向他們打臉證明自己的成功，謝謝他們當初的看不起，才能讓現在的自己被人看得起，出來江湖跑，誰的背上沒有挨過刀，你會一直碰到攻擊你的人，但那些人不值得讓你放棄人生。

謝謝這一路上每一位幫忙過你的親友師長，每一個曾經收到爆漿鳳梨沒有上網爆料的客人。謝謝天，謝謝地，謝謝阿公阿嬤留下一塊那麼美好的鳳梨田，我們的夢想依舊是把農地轉建地然後高價賣掉（笑），雖然你們都不在了，但是我知道你們的精神一直都在這片土地上。

還有，別忘了謝謝當初那個那麼努力的自己。

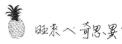

菜蟲就像黑道

「菜蟲就像黑道，維持著另一個世界的平衡。」

說真的，菜蟲有點衰，只要菜漲價，大家的怨念無處發洩時，就先幹譙菜蟲，反正也不知道菜蟲在哪是誰，菜蟲本蟲也不可能出來面對。社會大眾的情緒先有個宣洩的管道，也有個神秘的藏鏡人先幫政府擋，鋒頭一過，這世界又回復到原本的樣貌，等到下一個颱風，又會再度上演這齣幾十年不變的鬧劇。

問大家一個問題，若菜蟲真的那麼十惡不赦，買超低壓榨農民，賣超高把消費者當盤仔，那農民幹嘛還要跟這些蛆蛆合作？我猜你會說，農民很辛苦、沒有銷售能力，的確，農民很辛苦，跟各行各業的大家一樣辛苦，但農民不是白癡，賠本生意沒人會做；或許你又會說，農民很單純，被菜蟲騙，的確，農民也都很純樸，但如果一而再，再而三被菜蟲騙，那我倒覺得問題不在菜蟲，而在於「純」到讓人噗嗤一笑的愚民，阿不對，是農民，不是漁民。

過去的年代，資訊相對封閉，農民是絕對弱勢，但隨著網路發展、資訊的開放，隨時都可以查到北中南拍賣系統的價格，就比較會有個參考標準。

菜蟲不是蟲，是人，大多數是男人；只要是人，就得懂得基本的做人處事道理，特別是跟鄉下農民這種沒啥邏輯，特別重心情的生物做生意，中間又有個老天爺從中作梗，其中的人情世故、眉眉角角，恐怕不是普通人能想像。基本上，大家都是為了利益而結合，生意要長長久久，假若真的有一隻那麼壞的蟲蟲，大概也搞得一身腥，早就不知道要被農民灌了幾瓶巴拉松，農民可不是吃素的。所以你不知道，農業的商業模式並不如都市那樣單純的銀貨兩訖，中間夾雜著很多令人又愛又恨的人情。

有些蟲，得先借貸肥料錢、農藥錢……萬一碰到天氣不好，整片GG，也只能自己摸摸鼻子，繼續砸錢賭下一次；有些蟲，得幫農民找工人、載工人，有時也得跟農民搏感情下去幫忙；農忙時，小孩沒人載、開學註冊費不夠、夫妻吵架協調，這都是那些蟲蟲的守備範圍，不支薪。更重要的是，當產地搶種，市場價格崩盤，蔬菜水果沒人要的時候，就是這些人人喊打的蟲蟲捏著懶趴硬是把貨吃下來，而且是上萬斤在處理。我們常看到農民滯銷，網友發動購買，這樣的方式救得了一個農民，但菜蟲卻是扛起了農業，沒有掌聲，沒人知曉。

為什麼會這樣？

自從台灣從農業社會轉型成工業、服務業社會後，農業就漸漸被邊緣化，但不良的政客又會假借農業操控社會情感，導致農業變得十分畸形。你還覺得台灣的農業世界讚嗎？別鬧了，農業可不只有生產，我們連隻「菜蟲」都搞不定。因此某種程度上，菜蟲取代了政府的作用，起了一種穩定底層社會的功用，而當他們有機會撈一筆的時候，換成是你，賺不賺？

也的確，有些讓你恨之入骨的菜蟲，壟斷了整個產地，把農民吃死死，讓農民別無選擇，整碗端去、跳過拍賣市場，只要資本比好大大雞排還大，背景跟工程師的肝一樣硬，他們就可以哄抬市場價格。你想抓，我也想抓，獨眼龍都想抓，但是，但是，但是，我想請大家很冷靜很冷靜地想想，他們犯了什麼法？我家就是有錢有關係，想把東西全部買下來，放在我家的倉庫，不行嗎？所以，抓不抓蟲，我倒覺得其次，正是因為政府的失能，才導致菜蟲看似萬能。我覺得政府該做的，在於怎麼樣去做好生產規劃，把目前亂七八糟的產銷制度給透明化、簡單化、標準化，用制度跟系統讓農民轉向，那些所謂不好的蟲自然會知難而退，因為連他們自己都知道那才是產業的未來。

我不喜歡黑道，我也不喜歡哄抬價格的菜蟲，但我們也得承認，某種程度上，政府的失能才導致他們有了存在的價值，很多社會底層或是邊緣人都依附著他們生存，他們掌控著一種恐怖的平衡，那是另一個我們難以想像，卻又真實存在的世界；不是不抓，是不能抓，一旦真的抓，整個產業的利益結構就會大亂、社會動盪。整個系統或是制度沒有改變，抓了一隻蟲，很快又會補上另一隻，只能用制度去跟他們鬥。

你愛台灣，我也愛台灣，但有時就是因為我們太愛了，愛到盲目，愛到失去理智，這世界並不是那麼完美的非黑即白，很多事都處在曖昧的灰色模糊地帶。我們太容易陷入二分法的選邊站，因為這是最簡單的方式，而對立自然就會有情緒，情緒就可以炒作，炒作就會有票房，有票房就會有錢。

菜蟲跟很多事情一樣，沒有絕對的對，或是絕對的錯。你也不要奢望會從我這邊得到什麼解答，也不是說全然都把問題推給政府，農民、盤商、政府、消費者、老天爺都有各自的責任，你問我該怎麼辦，我如果知道該怎麼辦，還會在這邊打嘴砲嗎，但至少能提供一些不同的觀點，一些在主流媒體看不到的聲音，我們先傾聽對方，先理解現象，再瞭解文化，看到整個大局，才能進而試著去讓現況變好一些。

我們需要安靜一點、溫柔一些，好好的去理解、思考問題，放下那些情緒的話語，才能進一步，慢慢的，慢慢的，讓台灣變成我們喜歡的樣子。

很慢，但一定值得，因為結果必然美麗。

我是小農，我沒那麼支持小農

二〇一二，農委會為了鼓勵青年返鄉務農，想推出兩年的補助計畫，只要有年輕人願意返鄉從事農業，就補助最低基本薪資，希望可以讓有意願返鄉的年輕人，至少經濟上沒有一點點後顧之憂。

我覺得這是個治標不治本的政策，於是，寫了封信給當時的總統馬英九先生，希望他三思三思，錢要花到刀口上，不是年輕人不回來，而是整個產業沒有給人希望，必須要改善整個產銷結構，從系統性去改善體質，產業才有未來，年輕人自然回來。

寫得好像還不錯，有說有笑、有幽默有正經，像是把總統當成朋友般閒話家常，很幸運地獲得社會大眾共鳴，一個不小心上了報紙頭版。

二〇一七，又不小心上了媒體版面，傷了各位鄉親的眼。

因為遲遲沒有到來的梅雨，西瓜、香蕉、鳳梨……大豐收，香蕉一斤一塊錢，鳳梨一斤七塊錢。似乎每隔一陣子，就有這種農產品價格崩盤的消息，於是全國總動員，消費者跟企業聯手搶救，媒體又要炒話題說盤商壟斷哄抬價格，農民出來幹譙政府，在野黨搭順風車打落水狗抓到機會接著幹，然後國軍弟兄早餐剝香蕉、中午烤香蕉、下午茶香蕉磅蛋糕、晚餐炸香蕉，連放屁都是香蕉味，再然後政府官員出來開記者會鼓勵大家多吃水果，做些創意料理，甚至還有政治人物作秀，表演吃香蕉皮。

二〇一九，怎麼打開電視翻開報紙又是我，大家看得很煩，不是因為看到我很煩，帥氣的人永遠看不膩，而是又再一次出現什麼鳳梨崩盤的新聞。

同樣的劇情，我看得好膩啊啊啊（丟鳳梨），從我阿公那個年代的老梗劇情反覆重演，演戲的人愈演愈烈，看戲的人愈吃愈累，種田的人欲哭無淚。

到底，問題出在哪了呢？

農民希望政府出面談外銷，外銷可不是裝箱請宅配來收件那麼簡單；臨時跑出這麼多水果，哪來的人力去分類選別，而且農民的施肥用藥也都沒有標準化。台灣目前只有垃圾不落地，我們的競爭對手則是做到水果不落地，全程冷鏈物流低溫處理，分級制度嚴謹，避免水果受損或是過程中受到污染。如果政府真的因為生產過量談成了外銷，那叫做政治，檯面上政府幫助了農民，為了選票，讓農民開心、大眾安心，媒體也有版面；檯面下，政府肯定要犧牲某些利益，肥羊送上門來，豈有不幸殺的道理，不要說社會險惡，江湖就是這樣運作的。

政治人物開記者會，高喊全民吃水果，再戴上個主廚帽，弄些創意料理，吃吃幾個香蕉你個芭樂，希望全民就一起總動員。

農民也要念一下，價格不錯你就一直種一直種，阿現在種太多了，你說怎麼辦？政府也都有說不要種太多，怎麼都沒有人要把農民抓起來揁咖稱。長久以來，都不太有人敢去抨擊農民，覺得農民好辛苦好可憐，辛苦耕種賣不出去，大家要幫幫農民。久而久之，農民也就真的有點被寵壞，可憐的一直都不是農民，而是農民自己覺得可憐的心態。但譴責農民其實也是沒有用，人性就是如此，如果可能有錢賺，換成是你，會不會賭一把，再加上華人賭性天生堅強。

媒體除了趁機幹譙政府之外，也會攻擊一個我們永遠摸不著邊際的菜蟲或是邪惡盤商，再挑起社會的情緒，吸引點閱率。不懂農業的名嘴繼續在節目上霹哩啪拉嘰哩呱啦，對也講，錯也說，反正只要能引起對立、拉高收視，怎麼樣都沒關係。更誇張的是，相隔好幾年前香蕉滯銷被倒在路邊銷毀的照片，或是中國鳳梨滯銷被倒進湖里的照片，都穿越時空被當成當下的假新聞來操作。

六年前，我只是個對農業懵懂無知的小屁孩，憑著一股熱血跟傻勁，還有對阿公鳳梨田的情感，傻傻進入農業。我跟一般人一樣期待，希望政府去改善產銷問題，差別只在於我會賣弄幾個文字，加上自己是青年農民的身份，所以很幸運被報導，但我也提不出什麼實際的建議，到頭來，也不過就是包裝美麗的打嘴砲說幹話。

六年後，除了身高不長，各方面都有了一些長進，對於大環境也比較了解。看過一些國外的狀況，總覺得奇怪，我們對於農業的想像，是不是太狹隘了，市面上好像很缺乏農企業的討論，難道台灣就只能一直停留在「小農」嗎？

台灣都是以小農為主，「產業」若是沒有辦法企業規模化，就沒有辦法升級，沒有辦法機械化，沒有辦法降低成本，隨著人力愈來愈少愈來愈老，這個產業只會漸漸走向夕陽。國外採收鳳梨都用機械手臂了，我們台灣都只能用六十歲的人工手臂，那些所謂的土地情感或是農民辛苦的畫面，都是產業停滯沒有發展所帶來的悲情啊。

小農自產自銷看起來利潤比較好，對於「產業發展」來說卻一點都沾不上邊，我是檯面上看似不錯的案例，但也是最負面的案例。基本上我是不太鼓勵自產自銷，我幾乎是把我未來十輩子的狗屎運都先預支光了，才能有今天這麼一點點微不足道的成績。那為什麼有那麼多小農品牌的故事，因為媒體很好操作，政府很好拿出來當政績，民眾很好理解，實際上，都不是那麼的光鮮亮麗，甚至激情過後就退場休息。

鄉親啊，自產自銷佔了產業的幾趴我是不清楚啦，我不是數據達人，但肯定是非常非常低，系統性的問題始終沒有去解決。沒有我這個鳳梨王子，大家還是可以在賣場、菜市場買到鳳梨，如果萬一今天產業逐漸走向滅亡，還是可以買得到鳳梨啦，可能就東南亞的，比較不好吃這樣。

政府該做的，是好好的扶植優良的農企業，讓他們可以成為農民的靠山。這是個高度分工的社會，生產者就是負責把品質給顧好，由農企業這邊去做好生產規劃、開發市場、提供機械、後段加工，整合各個農民的需求，才能跟廠商大量叫貨，壓低生產成本（疑!?我以為這是農會該去做的），農民要團結，團結勁有力。現有的農會跟產銷班，都是農業的生產思維，並不是不好，只是，企業需要的更多，怎麼籌錢、資源整合、品牌經營、行銷、國際商業談判……天啊我想到就頭痛。

或許你會問，這麼會講，難道農企業就能解決問題嗎？

傻傻的，代誌如果真的可以那麼簡單，那北韓跟美國早就當好朋友了。我只是想提出一個對於農業不一樣的想像，當我們試著用企業的觀點去思考時，事情就會出現截然不同的想法，有更多元的討論。

比方說，我們都知道台灣的水果世界好吃，是每個旅外人士的鄉愁，應該要外銷，讓全世界的人知道我們台灣的厲害，但是你知道嗎，站在國際貿易的角度，好吃卻有可能是劣勢。台灣的農業改良技術真的是很厲害，我們可以研發出風味迷人的水果，光是鳳梨，就有好幾種品種，外國根本沒得選擇，從產地到餐桌，屏東到羅東，最快隔天消費者就可以收到甜滋滋的鳳梨；但是，從國際貿易的角度來看，好吃反而是劣勢，甜度高表示水果不耐放，儲存時間長、單位面積產量、方便運輸、利於機械化加工……可能是比好吃更重要的考量，當國際農企業大到可以把全球市場吃下來，沒有人吃過好吃的鳳梨，那所有的鳳梨就都很好吃了。

企業化管理一定會讓水果的個性沒那麼豐富，因為到了最後，一切都依靠科學數據化，該用的肥料、農藥，都會經過精準計算，就當成工廠想像就對了，主流大市場並不需要那麼好的產品，不要太難吃就好。或許你會覺得，這樣農業好像就失去了一份情感，但是踏出台灣，國際化就是這樣在運行的，這是世界真實的樣貌，大多數農民想的是生存，土地情感不能當飯吃。

說來幸運，我們住在寶島台灣，有著很豐富的自然資源，加上前輩的努力，我們隨時都能有很棒的水果；說來也是不幸，我們也真的是處在很弱勢的國際環境。不要再說台灣農業很進步，產業是包含整個上游的研發到最終端的銷售，真相是，我們還有非常大的進步空間。

學校的食農教育也該去扭轉，不是說去田裡插秧校園種菜不好，只是那不是農業啊，現在哪有農夫還在手插秧，都麻是打電話叫插秧機。一直讓小朋友體驗手插秧農夫好辛苦，只是在傳遞這個產業長久以來都沒有長進的訊息。能不能讓小朋友去了解真實的產業狀況，真實地認識各個季節的農產品，價格如何、為什麼變化、哪些食物國外來的。

不過，並不是說不發展農企業，台灣農業就會滅亡，也不是說發展農企業，台灣農業就會突然變得好棒棒；我更沒有聰明到可以想出一個顧全大局的解決方案，只不過，希望我們不管面對任何事情，都可以試著站高一點點，跳脫原本的框架，用不同的角度去思考，至於解決問題就交給高手囉。

阿對了，假設今天有間很有心的農企業要來整合農民，政府要挹注資源扶植，那勢必就會影響到原本的利益結構，地方勢力還有選票的考量，一切又得回到政治。

大人的世界太可怕了，我還是專心去種鳳梨吧。（逃）

第 3 篇

旺來ㄟ奇遇人生

有些外在條件，是我無法改變的，但我可以換個角度，比方說我不高，但是我比例很好啊；我可以買童裝省錢；搭經濟艙可以伸腳；不會被叫去換電燈泡，更重要的，種田我有身高優勢啊，我矮我傲嬌，而且我身材維持得超好，到現在還穿得下高中的制服。又有一陣子，我覺得白頭髮很困擾，老是被人問起，直到我想到一個霸氣的答案：「你傻傻的，這是挑染，很貴！名設計師天公伯你聽過沒？」

像我這樣的學生

「你給我出去，不要再來了！！！」

「耶！謝謝主任！」

訓導主任非常生氣地把我轟出了晚自習教室，我則是開心得不得了，終於可以離開那個鬼地方，我實在搞不懂，都已經在學校從早上七點待到下午五點，我還得繼續被留下來晚自習到九點半，只是因為我有很高的機率考上第一志願，就要留下來特訓，以免成為遺珠之憾。

好吧，如果晚自習好玩，我就待著，畢竟也是有好朋友在。但我真的是好傻好天真，既然是學校的重點栽培名單，代表的是以後學校的招生招牌，怎麼可能會讓學生太好過，加上學測也快到了，當然是隨時都有老師在一旁鎮壓，逼著學生好好讀書，或是至少假裝讀書。

我才不想待在這個無聊的地方，要唸書自然自己會唸，我不想唸，就算請周子瑜、林志玲或是全民學姊黃瀞瑩來陪讀都沒有用。於是，我開始在晚自習帶頭作亂，吃鹹酥雞、睡覺、傳紙條、聊天、慫恿同學一起翹了這個快讓我窒息的晚自習，可惜那時候還沒有智慧型手機，不然我一定帶頭打電動。身為訓導主任，怎麼可以放任我這個老鼠屎壞了一鍋粥，大考前得凝聚考生軍心。就這樣，我這不可教化、冥頑不靈、朽木不可雕也的壞學生，就在眾人面前被他轟出教室。

我一點不覺得不爽，也不覺得被羞辱，我反而十分開心，因為這就是我想要的結果，我真是敬佩訓導主任可以忍受我這麼多天，巴不得他趕快把我趕走，我要讓他知道，不需要人逼，老子照樣考上第一志願給你看。

隔天，學校當然是通知了家長跟我的導師，原本以為我會稍微被唸一下，不過，出乎我意料，他們都覺得這件事沒什麼，大概也因了解我的個性跟實力吧，為什麼要去硬逼一個有想法的叛逆期小孩。他們聽完我的晚室息故事後，不約而同都給我百分之百的信任，讓我用自己的方式跟節奏去唸書。幾個月後，我回報給他們這樣的結果——學校的大紅榜單印著我帥氣的名字「台南一中楊宇帆」。

從小到大，我都是師長眼中的好學生，但乖學生這三個字，跟我是沾不上什麼邊，我雖然不是帶頭作亂的那一位，但只要有人起了個頭，我肯定不會錯過。可能從小爸媽都忙於工作，加上又在鄉下長大，我算是滿自由發展的，小學生幹不了什麼壞事，了不起就是上課玩蟑螂唧唧叫、坐窗邊無聊沒事點一根沖天炮、看到校狗交配拿石頭丟……諸如此類鄉下小孩該做的事。國中到了市區唸書，我莫名其妙不知道去哪拿到了一本龍應台女士的著作《野火集》。

在那個剛解嚴沒多久、沒有網路、思想封閉的八零年代末期，野火集簡直就是本「妖書」，就像在女孩包緊緊的回教國家，撿到一本雞排妹寫真集；或是在北京紫禁城內發現美國憲法。雖然，有人批評野火集有些崇洋媚外，說龍太后是個CCR，但是我們也不得不承認，這本由台灣人站在西方角度書寫自己國家的妖書，就像是野火般，把一些不合理的傳統包袱跟道德禮俗燒得鑿鑿的。我到現在都還記得書的封面，黑壓壓的背景，搭配三個用紅色書法寫出三個跳動燃燒的三個字——野火集。

我大概是在國二的時候看到這本書吧，一看就愛不釋手，被震撼嚇到吃手手，這絕對絕對，是第一本開啟我思想的書。當然啦，當時的我就像張白紙一樣，還沒有什麼判斷能力，加上當時龍部長也年輕，言詞非常犀利，所以不免會有種西方國家好棒棒，台灣好落後的感覺。因此，在我心中也引起了對於這個社會不合理的事情，燃起了微微的火苗。

那就來罷免爛老師吧！

我是認真的，而且我們也做到了。對象是補習班老師。

補習班的理化課，跟學校一樣會根據學生程度分級，我們大A班大概有四十個學生，大家成績都不錯，但絕對不是因為那個老師很會教，而是我們這些人本來就認真，對唸書比較有天份。補習班老師收了錢，結果上課都在喇低賽，講些有的沒的，教學的技巧也沒有學校老師厲害，而且重點來了，他講的笑話還一點都不好笑，我花了錢學不到東西就算了，又不好笑，那我去幹嘛。於是我興起了想要罷免他的念頭，不過倒也不是真的罷免，而是要串連大家下一期集體不繳費退課。

這是我人生第一次對抗體制的社會運動。

既然要反抗，就一定要有領袖，領袖就是哇本郎。憑什麼，簡單，我的成績好、人緣好，還有最重要的就是帥，顏值就是正義。再來，就是要找盟友，帥哥就是要配美女，聰明的美女，帥哥來負責搞定男方，女孩部分就交給美女處理。下一步，開始民意調查，採取各個擊破。沒想到，英雄英雌所見略同，大家都看這個老師有點賭爛，大多數人就是補個心安，或是放學找個地方去，不然就是被家長逼著去。太好了，民意超過八成，好的開始就是成功的另一半。集體有共識後，緊接著就是公投。

「你是否不同意下一期不繳學費，抵制爛老師？」

確定公投題目後，接下來就是開始煽動人心。

「那個誰誰誰也不想上了。」「蛤，那我也不想上了。」

口說無憑，讓他們一個一個簽名畫押，同時我擬了一份文件，裡頭有大家的簽名，證明大家對這個老師有諸多不滿，有眾多民意支持，我就有種去跟補習班老闆報告。最後，還叮嚀同學們一定要讓贊助商們知道，不是我們不想學習，是老師真的有待改善，我們不想浪費爸媽的錢，而且要跟爸媽說，那些成績很好的人也都不補了。

下一期的理化課，原本四十多人的教室，只剩不到十位學生，老師一臉尷尬跟同學面面相覷，逼得大老闆不得不跟一些意見領袖學生討論、了解狀況。

不管是在體制內或是體制外，碰到我這樣的學生，基本上，老師是很難管教的，要是我當老師，我會求上蒼保佑阿彌陀佛，不要碰到像我這樣的學生。

我是何其的幸運，在求學階段，幾乎都碰到很開明的老師，他們把品格放在學業更前面，不會去禁止我的行為，而是會去瞭解我行為背後的思考。

最特別感謝我的國中導師——陳貞妏老師，她不斷灌輸我們品行才是最重要的觀念，她不曾因為成績不好對學生發過脾氣，若有，大概也只是假裝。但我永遠不會忘記，她因為我們欺騙了她，而在全班面前大哭，她用眼淚告訴了我們一件事，不可以騙人，千萬不可以騙人，因為你欺騙的，都是最愛你的人。她也會適度地將班上成績較差，或是比較邊緣的人，盡量安插職位或是鼓勵他們參與多元的活動，好讓他們能有所發揮。陳老師無非就是想傳遞一個訊息：所謂的後段班學生，只不過是成績不好，絕對不是撿角沒路用。

班級的氣氛被她經營得很好，我們班不管是成績、秩序、整潔各方面的表現都非常優秀，而這個感情也一直延續到畢業之後，我到目前為止還沒聽過有哪個國中畢業後的班級，還辦了兩次的班遊，以及好幾次的同學會，而每次的同學會後，她都叮嚀每一位男生，要負責一位女生的安全，確定每一位女生都平安到家後，再跟她回報，這樣，我們的同學會才算是正式結束。

有一次，我被她逮到上課偷看野火集，當下被她沒收，叫去辦公室約談。我以為會被她罵或是禁止看這類的書，出乎我意料，她只跟我說上課不要看課外書籍，然後把書還給我，很溫柔地對我說：「我不太確定這樣的書對你來說，會不會太早熟，但是我不會禁止你去看課外讀物，只是不要上課時偷看。」

你知道嗎，對於一個正處於青春叛逆期的青少年，我內心感受到多大的被信任感與尊重，我相信，她的內心也一定感到有些疑惑，不知道這本書對我日後會造成什麼樣影響，但她選擇先去相信我，再默默觀察我的變化。

我十分千分萬分億分感謝，感謝她當下的處理方式，我敢對天發誓，如果她當時把我臭罵一頓，並且禁止我閱讀那樣的書，我絕對會想辦法為了反抗而反抗。因為內心的野火已被點燃，而她，就像是春風化成雨，撲滅了我年少輕狂的氣焰。這些年來，我的野火依舊持續燒著，但它是為了要溫暖人心，而不是把人燒得無處可逃。

同時間，我爸當然也從老師那邊得知我看妖書，還有我自己跟他說罷免補習班老師的事情，他聽完一臉淡定，沒有特別鼓勵也不會去批判。反正對他來說，只要成績交代得過去，又感覺我沒有在幹什麼壞事，基本上我們都建立在一個很好信任基礎上，包括家長每天都要簽名畫押的聯絡簿，我們都覺得這是個有點愚蠢的制度，叫我模仿他的簽名，沒事的話，就自己處理就好，有什麼事再跟他報告，或是他無聊偶爾想到再來翻一下。

之後到了台南一中，那就又更自由奔放了。我都說稱呼那是「台南第一男子高級遊樂園」，那是一所學生在台下支持阿扁，然後台上老師說：「你們這些民進黨都去死吧！」的有趣學校。我們真的都那麼愛阿扁嗎？他還沒海角七億之前，某次到學校演講，司儀在他進場時，像是拍馬屁般要求全場拍手並大喊學長好，結果反而換來一堆倒讚跟噓聲，我都還清楚記得那時教官無奈的神情。

南一中的老師大概都有集體共識，這些學生基本上都不太需要管，只要不影響老師上課，要幹嘛都無所謂。台下一群比老師還要有天份的學生，老師基本上是很難為的，既然難為，或許有時候就要「無為」，放山雞比籠飼的肉雞更強悍，就是類似的道理。我們都是一群好學生，但絕對不是什麼乖學生，也不會是壞學生。

我一直都覺得自己很幸運，不管是在體制內或是體制外，都是碰到很好的老師，

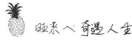

二十年過去，這些所謂的好老師，同樣都教了我一件事——信任。

就像我到現在都還記得，國中補習班的英文老師，我告訴她待會要翹課去看統一獅對味全龍的季後賽，幾個臭男生上課到一半，當著她的面集體站起來離開，她也只能在全班面前叮嚀我們：「記得回家啊！」

現在，我跟國中、高中甚至補習班老師，不定期都還會見面聚聚，我不知道這樣的師生情誼是否常見，但至少在我身邊很少見就是了。對我來說，他們是最優秀的教育工作者，身教說明了一切。

遇到像我這樣的學生，我相信他們一定也曾經很頭痛，深深思考過到底要怎麼去教這樣的學生。我很感謝即便他們或許不知道該怎麼去教，但也不會用傳統的思維「硬教」，取而代之的是用了更多的信任以及觀察，觀察我的成績、言行舉止、交友狀況，若沒有什麼負面的行為，那就放手讓我去闖蕩。

遇到像我這樣的學生，謝謝你們，辛苦了。謝謝你們沒有試著去對我塑形，讓我可以長成自己想要的樣子。

打籃球會長高

「國立成功大學經濟系——楊宇帆」

這輩子第一次登上報紙，還跟這麼好的學校沾上邊，親朋好友街坊鄰居皆來道賀，聽說村長還準備了大紅賀詞要來放鞭炮。在這種鄉下地方，頓時有種「微」名人的虛榮感，四大名校之一，台清交成，得來全不費功夫，聯考的升學壓力？那是啥？聽都沒聽過。

為何如此說呢？

從高一上學期結束，我加起來的名次竟然海放國中三年加總，深刻體會台南一中這塊招牌的厲害，彷彿從亞洲可愛動物區來到非洲兇悍猛禽區。特別是班上前五名，老被那些成天上課睡覺或散播愛情動作片的同學佔據，而且還裝在空中英語教室的CD盒裡，你們這樣對得起彭蒙惠老奶奶嗎？於是我心裡認清了一件事：念書這檔事，某種程度上，是很講求「天份」的。

以前國中常會覺得班上那些成績不好的同學，就是不認真不努力唸書，現在高中才驚覺自己成了成績不好的那位，給過去的自己狠狠打臉，但是同學啊，並不是說自己的天份不如那些成績好的天才，就自暴自棄不念書，我認清自己的本事後，就不再追求成績，對於自己沒有興趣的科目，比方說物理，目標就是六十分，及格就好。

找到自己在台南一中的歷史定位，並在國文老師的領導下，進入老莊淡定不與人爭的哲學觀，更嚴格遵守散播歡樂散播愛（睡覺）的最高原則，調劑眾多考生苦悶乾涸的心靈。或許在這過程累積了一些福報，加上「天份」二字還算會寫，放榜後莫名其妙不小心路過了成功大學，成為眾人幹譙的對象。雖然小弟也是感到有些不好意思，但木已成舟，我只能攤手聳聳肩無奈地說：「沒辦法，運氣也是實力的一部分。」

經濟經濟，到底是經什麼蝦咪濟，對我倒也不是很要緊。儘管當初是白目的死高中生，但碰上填志願人生這種如虎口的馬路，小孬孬如我還是不爭氣聽了老師的話：「不要浪費分數」。就結果論來說，四大名校加上一個看似未來會賺大錢的科系，讓我這個老是在班上吊車尾、還差點把老師氣到中風的小鬼，臉上滿是春風得意。感覺即將靠著一己之力，大鵬展翅，膩轟高揮，讓家族脫離貧窮的苦海。感恩成大、讚歎經濟、偉哉聯考、帆帆英明！

開學第一天，跟著一群懵懂無知、未來卻可能掌控國家生殺大權的棟樑進入校園，心情異常興奮，並不是因為即將與五湖四海的精英在學術殿堂知識切磋，而是班上五十名學生，只有十名男生，這對男校畢業，正處於青春的血氣方剛少年來講，是多麼振奮人心的消息。對比那些被我視為眼中釘的好學生乖寶寶們，好不容易離開男校煉獄，卻又進入了女性荒漠的二類科系。我望著身旁的少女們，猶如置身天堂。

「咳～歡迎各位來到成大經濟系……」老師上台，操著全天下老師千篇一律的無聊口氣，八股的句子左耳進右耳出。反正一點都不打緊，我依舊洋溢心情，讓囚禁三年的鬱悶得到釋放。

「好，接下來請同學自我介紹，認識一下彼此，包括為什麼想來成大經濟，以後想做什麼。」哎呀，糟糕，隨便考就隨便來，以後想賺錢這答案會不會太俗氣？算了算了，先別管經濟，重點是台上的女性。

多年後的今天，我早已忘了當年那些青春的肉體，緊實的容顏。但某一個同學的回答，卻始終讓我無法忘懷：「我叫ＸＸＸ，ＸＸ人，以後想當銀行職員。」一個留著短髮的樸素小女生，微低著頭，帶著淡淡的笑容，用很平緩又帶點嬌羞的語氣，慢慢吐出未來的夢想，而且我認為她是認真的。

此話一出，全世界六十五億人口都被震驚了。

我感到困惑，不知道不明瞭不想要為什麼，我們的國家、社會、家庭，花了這麼多時間、資源、金錢跟精神，栽培孩子念到一個這麼好的大學，這麼好的科系，然後在十八歲的年紀，說出成功大學經濟系畢業後當銀行職員。

雖然看似很合理，但，這樣好嗎？

並不是銀行職員不好，只是十八歲，應該是個勇於放膽做夢、天馬行空的年紀，一個該自由奔放的靈魂，怎會如此被囚禁、被束縛。我完全不認為這是年輕該有的樣子，我們的教育體制是否出了一點點小小的問題？我不知道。

被嘲笑的夢想才有實踐價值。於是我告訴自己：「我叫楊宇帆，十八歲，就讀成大經濟系，我以後要幹掉彭淮南！」

結果，對彭淮南嗆聲後沒多久，我被成大退學逐出家門，一點轉圜的餘地都沒有，成為十足的魯蛇，連五星總裁的腳毛都不如。俗話說的好：囂張沒有落魄的久。

事情怎麼會到這步田地？怎麼好好一個長不高的高材生，不久前才剛發下「我要成為海賊王」的誑語，結果第一集就被連惡魔果實都沒吃到的魯夫，打到屁滾尿流像是落水狗夾著尾巴逃離。

那是個瀰漫過年氣息的歡樂早晨，空氣中滿是雀躍，父親大人開門迎接朝陽，一陣微風伴著花香彿過臉龐，電線桿上的麻雀啾啾嘈雜，好不熱鬧。他心想「這個死兒子，未免太久沒回家，過年總該回來了吧」，隨後悠悠哉哉漫步走向信箱，拿出一封來自國立成功大學的信。他心裡又想「也不指望這小子包紅包，但至少給我一張成績單，老子投資這麼多錢跟時間，快點畢業讓我回收吧」。於是興高采烈滿是期待打開信件，裡頭，卻沒有任何關於成績的數字。

楊爸爸眉頭一皺，直覺案情並不單純，推推老花眼鏡仔細一看——幹，竟然是一張活生生血淋淋的退學通知單！當下頓時失去語言能力不能自己，沒有紅包就算了，怎麼會來了晴天霹靂的白包，過年的青春洋溢瞬間成冰雪奇緣。好險他那時年紀還小，心臟有力，血管還算大條，否則我可能得背上過失殺人的罪名。

而那時的我，正發懶躺在學校附近的房間裡，早已預料到將被退學，只是遲遲不願也不敢去面對，更不知下一步該如何是好，只能賴在床上等待喪鐘敲響。

「我受夠了等待～」手機鈴聲響起，蔡依林當時的金曲十分配合情境。我以被罵到狗血淋頭的心理準備接起電話，結果卻頗為意外。電話另一頭的他沒有發飆，只是不懂一個立志要印出白花花鈔票的大學生，怎會毫無預警轉行印出這張動搖家本的退學通知單，宛如苦心栽培的一切在風中消散，不知下半輩子要靠什麼吃香喝辣。中年男子愈講愈是激動，我只能在另一頭沈默以對。然後他就哭了，真的哭了，就像歌神張學友的那首歌「我的心真的受傷了～」各位親愛的鄉親父老兄弟姐妹，你們長這麼大，有見過父親的眼淚嗎？我心中的鋼鐵人竟然如此激情演出，讓我始料未及愣在原地，覺得自己鑄下大錯犯了天條，掩不住內心的罪惡感，竟也跟著淚崩。兩個男子隔著電話滾著淚珠支嗚，現在回想起來真糗，可以列為我們父子的十大經典畫面。

「為什麼？」他問我。出錢的人是老大，他當然有權利提出疑問。

「為什麼？」我當然也對自己有相同的疑問，在那個迷惘的十九歲。

其實不是毫無預警，大一上我就差點被退學，成大的學制是單三雙二一，我幾乎就要挑戰成功三分之二學分被當掉的門檻。可惜最後一門通識狂拉尾盤，力挽狂瀾；但經濟本科慘不忍睹，不只輸到脫褲還連內褲都拿去抵押。鬼門關前走一回，自然會警惕一些。下學期雖然低空飛過，但大二上，我對經濟系真的一點興趣都沒有，什麼總經個經搞得我快發神經，看著統計學上那個偏離主流的outlier，簡直就是自己的倒影。後來我索性不去上課，連考試都缺席，渾渾噩噩過日子。期末考時龜在房間看女主角好正的日劇《一公升的眼淚》，不久後，我跟我爸加起來也流了一公升向她致敬。

除了學校之外，環境同樣讓我感到厭倦。沒有任何的刺激，我所讀的小學、國中、高中及大學，基本上就是同一條路。當外地來的同學歡樂相揪要去那條我已經混了三年、吃到不想再吃的育樂街時，我內心的獨白是「育樂ㄆㄨㄣ」。尤其被問到

「有什麼好吃的，你一定很熟吧，介紹一下啊」時，我差點就火山爆發。同樣的食物、漫畫店、網咖、電動間、撞球檯，不同的是那些年一起跟聯考戰鬥的戰友們，大多各奔東西另起爐灶，在異地重新建立自己的育樂街；剩我一人鎮守大台南，像是吉祥物般等著他們回來，炫耀其他縣市的故事。

善變如我雙子座B型怎麼能嚥下這口氣呢？

既然嚥不下，還憋到內傷攻心吐血，那當初又何必填成大？這問題，我大概被問了不下一百萬次，尤其大人們最愛提出這種彷彿跟他們一點關係都沒有的疑問。

那個白痴無知的年紀，誰會那麼幸運知道自己的特質、人生想幹嘛，教育也只不過把我變成考試機器。雖說高中不愛唸書，老是帶頭搗亂，散播A片散播愛，班上排名總是三十好幾；但在百日維新、挖糞塗牆的微認真之下，也繳出一張令我跌破眼鏡摔個狗吃屎的成績單了。面對接下來人生的十字路口，我也是得進入徬徨茫然的青年必經之路。儘管一直把老師視為眼中釘，也從來不管他們說啥，他們的話語總是像安眠曲那般溫柔哄我入睡；但在這個志願危急存亡之夏，我竟顧不得對抗三年的堅持，在最後一刻失守，聽了敵人的建言：「不要浪費分數。」

不浪費分數，卻可能讓我的青春小鳥一去不復返，到頭來，浪費的卻是自己的人生，這是我覺得主流教育給我的第一個謊言。另外一個就是，打籃球會長高。

分數分數，分數重要嗎？

分數為什麼重要，以前的我以為，考得好，就是按照台清交成的排序去填學校，或是，成績好的學生就一定得唸醫科或是電機系。我們學校的教育，只在意社會大眾的期望，卻從來沒有問過學生們自己內心的希望與渴望，把榜單當成KPI，變成招生的手段，學生彷彿只是學校為了生存下去的工具，重要的是考幾分，而不是學生的人生。

除非是家裡有些事業，否則，從填完志願後，我身邊有很多很多的人，人生差不多就此定型。畢業後就只能填找相關科系的工作，過得鬱鬱寡歡懷才不遇，看著別人好精彩的人生，再伴隨著結婚生子的壓力，一輩子就這樣定下來了，除了考試唸書之外，這一輩子似乎沒有太多的選擇。某種程度上，成績好卻是侷限了自己人生的道路，人就活著麼一輩子，少了點選擇，似乎有那麼一點點可惜。

所以，分數重要嗎？

重要，但是沒有那麼重要。

我認為，分數是一種當下的責任，不只是為了自己，身為爸媽的孩子、老師的學生、社會的一份子，有很多的面向得去思考，不能只想到自己的感受，至少要先試著以及格為一個目標，即便打從心裡不喜歡這個科目，但人生總不可能任何事都能順心如意，找到一個方法達到及格的目標，也是一種挑戰。而在這過程中，也是一個認識自我的機會，比方說我對物理就是很沒轍，未來就不要逼迫我去從事非常需要邏輯理性思考的工作。有了目標，就會有了方法跟策略，知道自己為何而戰之後，自然就會比較有動力，出社會後的人生不也是如此。

分數，應該是讓學生可以有更多的選擇權，去選擇自己感興趣、熱愛的項目，而不是興高采烈拿下高分後，卻走向一個沒有選擇的人生。所以，如果能夠再給我一次機會，我絕對不會聽學校的話，我想，我會根據自己的人格特質跟喜好，選擇比較靈活、創意發想、接觸人群的科系。然後衣錦還鄉，回到那名鼓勵我多打籃球的老師面前，跟他說：

「老師，打籃球真的不會長高。」

台灣藝術大學，哇來啊！

手機鈴聲響起，不想知道是誰打來，直接掛掉，其實我一點都不想睡了，但就是不想起床。眼睛盯著天花板發愣，進入彌留狀態，拉起被子蒙著頭，想要藉此逃避些什麼，南台灣陽光散落的早晨，一團爛肉發酵著。

這是重考的第二天，當考生在炎熱教室裡冒汗跟歷史跟地理奮戰時，我缺考了，躲在租來的房間裡冒著冷汗替未來茫然，想必那些焦急的奪命連環call是來自考場的朋友。我認為第一天考完國英數之後，應該隨便就有間學校可以唸了，第二天索性缺席，「反正去了也只是砲灰」，正面的說法是我已有自知之明。

二十歲那年，是人生中很低潮的黑暗時期。

離開成大後，陷入了非常空洞、焦慮、極度沒有自信的狀態，不敢面對家人，覺得愧對他們，阿公阿嬤都被蒙在鼓裡，畢竟心臟有點年紀了；不願面對同學，覺得跟他們格格不入，當對方提起學校的趣事，我也跟著大笑，不過只是強顏歡笑。我盡可能把自己封閉起來，想到一個沒人認識我的地方，不要跟任何人接觸。因為我知道，所有話題都會重擊內心的自卑。甚至害怕去熟悉的店家吃飯，考上成大後，老闆似乎比我還要開心：「成大很好啊，不簡單，加油！以後靠你們了。」然後會多送我一顆滷蛋，叫我要好好念書。我很怕他們知道我被退學後，辜負他們的期望，以後就不會再送我滷蛋了；連警察都會對成大學生有優待，我就曾經出門沒戴安全帽，被警察攔下來後，叮嚀個幾句後就放我走。

這些有形跟無形的社會壓力，讓我不敢去面對現實。

春夏之際，府城艷陽高照，金黃風鈴木開滿街，色調鮮明就像繽紛的大學生涯，前程似錦；但我卻是頭頂厚重烏雲，不時打雷下雨，宛若毫無生機的灰階。未來對我來說，就像是一片霧霾。

「怎麼會這樣？」任何一句聽起來溫暖的關心，對當時的我來說，是一陣鑽進骨子裡的寒風。內心無聲地吶喊：「你以為我很想這樣嗎？」

或許求學路上太順遂了，考上成大之前，讀書對我從來不是個問題。

國小時在鄉下，要是不小心考了全班第三名，叫做表現失常。我沒有在家念過書的記憶，回家都是作業佐電視，當卡通裡的機器人擊退惡勢力時，也就是我戰勝功課大魔王的時候；而為了到都市受教育，因為學區關係得提早卡位，小學六年級被我爸毫不留情連根拔起轉學到台南市東區的東光國小，也是這輩子第一次聽到的明星學校，鄉下沒有競爭力是他們普遍的想法。第一次段考，我送了一張冠軍獎狀給他，那天回家大喊著「別叫我的名，叫我第一名」，可見當時有多臭屁跟銳氣，覺得替鄉下人出了一口氣。

國中三年非常順利開心，在全校三千多人的明星國中，以全校前三十名畢業。家裡雖然多了張書桌，但晚上看NBA的時間似乎比較多，每天日子都很快活。踏著輕快步伐到學校開同學會，晚上再去補習班續攤，老師們都印象深刻，因為我總是那個最吵、被常被打、又能繳出成績的那一個，只要高分，你奈我何。雖不到過目不忘的神之領域，但也差不多是過二目不忘，讀書不是件簡單的事，而是件非常簡單的事。

南一中時期更是歡喜，以前男女合班還會顧及女生，現在死男生湊在一起，簡直大解放。老師也覺得這些人將來都會找到自己的出路，因此放任學生自由發展。當我發現讀書需要天份，而我的天份只有國中程度的殘酷事實後，便開啟了阿魯巴、教室打紙棒球、百戰百勝一中版、睡覺、看愛情小說、翻牆吃午餐、作弊……等愜意的高中生涯。放學總是快速衝向K書中心，先把書包丟著佔位置，再直奔籃球場打到天黑滿身汗臭味。然後飢腸轆轆到育樂街吃晚餐，飯後再打個撞球、電動、看漫畫。大概八點回到K書中心，涼涼的冷氣吹來後，覺得好累，乾脆睡一下，醒來時已經九點，再趕緊翻一下書，消消罪惡感。十點關門，回家。

國小、國中到高中，求學就是如此單純，我的家庭對成績沒有任何要求，從來沒有因為分數被爸媽唸過。對電視上那些壓力過大，因此傷害自己的考生，我無法理解，畢竟從小就搭著高鐵的商務廂舒舒服服直達成大。當開開心心下車後，才發現這不是我的車站，至於要去哪，我自己都不知道。而列車過站不停，留下原地無助的我，那時我才稍稍理解，被逼迫活在社會的框架中是一件多麼壓抑的事。

「那你接下來想幹嘛？」出錢的老闆問。

「我想考台北的大學，離開台南。」我篤定地回答。

隨著考試逼近，我知道那只是逃避的藉口，因為不想比別人先當兵，不願提早進入社會。最重要的，是不想脫離學生身份。少了高中的酒肉朋友，重考的日子看似認真，實則意興闌珊。聯考完，我立刻找到工作，想賺點錢，也藉著工作麻痺自己，每天剁東山鴨頭出氣，從下午兩點殺到晚上十二點。對成績一點都不在意，選填志願落點分析那種雜事，全交給當時一位很雞婆的朋友全權處理，不要私立不要台南，這樣就好。落點分析後的結果，若以「不浪費分數」的角度，我大概會落在中山企管或是中興經濟之類的，一切拍板敲定，不然就先填中山好了，雖然上不了台北，但也滿多我們南一中的小王八蛋在中山大學，我也做好要去高雄的心理準備了。

有趣的事，發生在送志願的前一天晚上，她撥了電話給我。

「ㄟㄟ，你可以填台藝大耶，穩上的。」

「那是啥？」

「台灣藝術大學。」

「那在哪？」

「板橋。」

「板橋在哪？」

「台北啦，你很俗耶，你不是想上台北嗎？」

「嘿啊，國立的嗎？」

「對啊」。

「附近有沒有捷運站？」

「有啦，府中站。」

「好啦，就填那個，明天幫我送志願，就這樣。」

兩年前，被學校的老師將了一軍；這回，我決定不聽老師的話，亂填志願，開啟了下一頁不同的人生，感謝我這位很雞婆的朋友，杜神，我本人都不太在意填志願這件事了，而她卻在前一晚都還很認真根據我的需求，幫我找學校選志願。

國立台灣藝術大學，圖文傳播學系。

兩個多月後，我才搞清楚自己即將就讀的大學跟科系。知道自己有學校可唸，而且附近有捷運站後，我將一切拋之腦後，變身成為打工魔人，剁了一整個暑假的鴨頭，我想要是下輩子變成鴨子，也不會太意外。掙到一台很「蝦趴」的摩托車後，便跟朋友踏上了環島愛台灣之旅，中途刻意繞去了未來的母校。聽說李安也是出身這裡，那我豈不是跟李先生念了同一所高中跟大學？俗話說「青出於藍，更勝於藍」、「長江後浪推前浪，前浪死在沙灘上」，不才小弟我即將接下他的火炬，領航新世紀，想到自己光明璀璨的將來，不禁暗自竊喜。殊不知來到門口後，一陣冷風吹過，烏鴉啊啊飛過頭頂還順便拉屎留念，荒涼就算了，學校一片黯淡，只有7-11是附近唯一的光明，大門一點都不大。往校內一看，工地風取代了盼望的藝術氣息，想不到我們的台灣之光，是在如此艱困的環境下創造自我。好吧，痛苦會過去，美會留下，搞藝術的人很偉大，我也即將邁向這條偉大的航道。

「你確定要唸這裡嗎？」那些來自名校，不懂藝術的俗氣友人如此問道。「哎呀，你不懂藝術啦！」反正我只是假借求學之名，行北上之實，有捷運就萬事足。

開學當天，學校給我一個震撼教育：怎麼會如此迷你？換成最近的流行術語，大概就是一個「微」大學的概念，要是跟女朋友約錯門碰面，從前門狂奔到後門，應該不用一分鐘就可以結束，途中還可以投一瓶飲料請她喝。沒有操場，沒有體育館，比我的高中還小，要血氣方剛的少年如何宣洩氣力？我可是讀過堂堂國立成功大學的鄉親，有時要從光復校區趕到自強校區上通識課，腳踏車也得狂踩個十分鐘，路上還沒有飲料機。難不成台北的寸土寸金就是如此？我花了好一段時間才能接受這學校的尺寸，以及沒有操場的殘酷事實。習慣過後倒也覺得可愛，常常可以在校內碰到朋友打招呼，跑行政事務更是方便，說起來算是挺有人情味，稱得上是另一種小確幸吧。

除了幼稚園被迫參加一個村子很少人知道的寫生比賽，一舉拿下佳作後，我跟藝術從此絕緣。小時候最討厭的補習就是畫畫，我可以寫書法、彈算盤、補英文，但就是不喜歡去畫畫。因為上課時間是星期六下午三點半，每當金剛戰士準備要合體跟老妖的怪獸打個熱血沸騰之際，我就得被迫關上電視去補習，童年的幸福硬生生被剝奪，從此對畫畫產生莫名厭惡。國小三年級時，父親大人嫌我在家裡太吵，不知看了哪家學音樂的孩子文質彬彬，見到他都會問聲好，決定不辭辛勞每週驅車把我送到台南市的朱宗慶打擊樂器，陶冶一下藝文氣息。不學則已，學完更吵，人家的孩子是餘音繞梁，自家的孩子是哭爹喊娘，印象中撐不到三個月他就放棄了。到了市區讀書後的美術課，要不是被借去考試，就是翹課幹些無聊的勾當。藝術是啥？能吃嗎？

怎麼會跑來搞藝術，或是即將要被藝術搞，我也說不出所以然，姑且稱之為命運的安排吧，反正，人生本來很多事情就是莫名其妙無法掌控的。

順著自己的感覺來到繁華台北，老天爺立刻送上一份大禮。若說成大是眾多男性鄉親嚮往的天堂，男生在台藝大更像是瀕臨絕種的保育類動物，無可挑剔的男女比例，就像一陣春風掃過工地風小學校的陰霾。偶爾有些小明星或檯面上的模特兒出現在校園，看著她們挺著腰桿踩著高跟，只可遠觀而不可褻玩焉，畢竟小弟罹患「先天性身高不足症候群」，上前攀談只能與人家的肚臍眼進行眼神交流，因此只能在遠處讚嘆造物主的美。

大開眼界，是我進入這個學校的全新感受，所有科系都是過去的我沒聽過的：廣電、視傳、古蹟修復、工藝、書畫、戲劇、舞蹈……奇奇怪怪的人充斥在這所學校。我的電影室友，晝伏夜出，一頭長髮蓋著臉龐，始終搞不太清楚他長怎樣，香菸是他第二個女朋友。儘管隔著厚重耳機，仍可以聽到那搖滾樂撕裂的怒吼聲；美術室友，好像什麼都樂在其中，不管上課下課，只要能畫畫就很開心，年紀比我大上一些，總是喊我「少年仔」；廣電室友，總是處在一種亢奮狀態，有拍不完的片、找不完的演員，常常自己跟自己講話，連睡覺都這樣；那時還看到一個不要命從二樓空翻下來的瘋子，出社會幾年後，我才認識這傢伙，第一個進入太陽馬戲團的台灣人，陳星合。

我漸漸發現，奇怪的不是他們，而是自己。原來我接受的主流教育價值觀之外，還有這樣一個繽紛多元的世界，讓我內心興奮悸動不已。

這，才是屬於我的地方吧。

我到現在都還記得第一堂設計課，老師發給我們一張都是格子的白紙，選定一個主題後，畫在正中間，然後開始做發散性的創意思想，規則就是，每個格子之間要有關聯性。

比方說：鳳梨—楊宇帆—關廟劉德華—賭神—周潤發—神鬼奇航

類似這樣亂七八糟，看似沒有邏輯，卻有點道理的胡思亂想，而二十分鐘的時間，要把格子全部填滿，然後再上台跟大家分享自己的思考過程，你以為這很容易嗎？一點也不，對於習慣填鴨式教育的我，人生第一次面對「空白」，我反而不知道該怎麼去揮灑，填了十來個後，創意就卡住了，平常很會噴垃圾話的我，要轉為實際的創作，反而不知道該如何下手，反觀班上其他同學，有些人下筆有如神助，霹哩啪拉寫個不停畫個不停，想像力彷彿就是他們的超能力，創意無限。

這是個沒有是非對錯的課堂遊戲，卻也讓我發現，過去受到傳統教育荼毒的我，有多麼的不敢去嘗試，或是說，我不敢去發想，過去的教育思維侷限了我們天馬行空的想像力。

藝術大學的教育，也某種程度的提早體驗社會。

有些同學，一看就是作品有點爛，但也真的夠會鬼扯唬爛，只要能夠掰出一番創作理念跟道理，基本上，老師也不可能當掉學生，老師也會開玩笑說「你們以後出社會就知道，有些人即便沒啥能力，但還是可以靠一張嘴生存下來。」

藝術大學的思維，顛覆了我從國小國中高中到成大，十四年來的思考模式，以前的教育，讓我們去追求標準答案，不是OX就是ABCD，長期下來，會讓人的思考僵化，但在這邊，追求的是個人的思考跟價值觀，沒有絕對的對或是錯，我們這些被傳統教育給淘汰的不良品，跑到了這個藝術的殿堂，去創造自己人生的作品。

在一堂網版印刷課，我們要設計自己的T恤，我沒有什麼美術的天份，無法像其他同學弄出很有設計感的圖案，於是，就很北爛加上偷懶的在衣服上印了一句「I'm Taller Than You」，沒想到，出乎我意料，老師卻非常的喜歡我的作品，覺得非常有創意，極具個人風格。後來，當身高一百六的我，穿著這件名設計師楊宇帆的衣服去澳洲，碰到那些一百八、一百九、甚至兩百公分的外國人時，大家也都對我很有印象，覺得我是個幽默的台灣人，很容易就開啟話題與人攀談。

我敢說，像我這樣的思維，在傳統的價值觀底下，絕對是被評論為「沒路用」，沒想到，卻在另外一個藝術領域得到讚美的聲音。

到底，我們是為了什麼要唸大學，如果說，大學是為了培養獨立思考判斷的能力，那我敢說，台藝大給了我很大的空間去發想，沒有給我太多限制，讓我去發掘個人的特質。

兩年之後，我揮手跟這間學校說再見。

一樣都是離開學校，離開成大時，心裡感到很大的不安、恐懼與自卑，對家人感到愧疚；但離開台藝大時，我依舊有點不安，但心裡卻有更大的期待與興奮，沒有愧疚多了份踏實，因為我上台北後，就經濟獨立，沒再跟家裡拿過一毛錢，終於要靠自己去這個社會闖蕩一番，去創造屬於我自己人生的作品。

人體模特兒

「你有沒有興趣當人體模特兒？」

「尛，花惹發？」

我那時人正躺在草皮上抬腳，試圖把朋友放到我腳指頭上的蝸牛彈掉，因為我懶得彎腰起身，就在這個決定性的瞬間，讓學姊慧眼識英雄，看到了我的無限潛力，問我有沒有興趣當人體模特兒。蝦咪喜人體模特兒，人體模特兒，丟喜全身衣服脫光光，一絲不掛，讓學生畫畫或是做雕塑，不是大體模特兒，那是死的，我們是活的，簡單來說這個工作就是去當裸男啦。

這麼有意思的工作，對於我這個愛嚐鮮的雙子座來說，當然是：「ㄜ……這樣好嗎？」

要在陌生人面前全裸耶，連我女朋友都還沒看過我的裸體（醒醒吧你沒有女朋友！）更何況要在一群陌生人面前展現我的肉體。再加上我的身材又不好，沒有九頭身一米八的身高，也沒有彈跳的大胸肌、結實的八塊肌、強壯的二頭肌，只有，只有一隻全新未開封的小雞雞。

「蛤，可是我身材又不好。」我有點害羞地回答。

「不會啦，我看你很會擺姿勢。我們剛好最近缺一個男生模特兒，而且……」她故意語帶保留想吊人胃口，江湖真是陰險。

「而且什麼？」我只能接著問下去。

「而且薪水不錯，一小時至少六百喔。」

「六百！」我聽到六百塊當場清醒了，眼睛為之一亮。要知道，當時的時空背景是民國九十八年，基本時薪是九十五塊，鄉親啊，六倍耶，對於一個從鄉下到台北打拼的窮小子來說，這簡直是難以想像的數字。古人可以為了五斗米折腰，為了六百塊，全裸我可以，不過就是脫衣服而已，什麼都不用準備，沒在怕的啦！

然而，代誌不如憨人我想的那麼簡單，的確是不用做什麼準備，唯一要準備的是「心理」。儘管時間過了很久，直到現在，第一堂課的畫面仍歷歷在目。那是在北藝大的素描教室，我人坐在角落的休息室，有個簾子擋住讓我保有隱私。我聽見青春洋溢的大一學生陸續走進來，嘰哩呱啦，而我，全身脫光了躲在簾子後面，非常緊張，非常非常緊張。我沒有想要臨陣脫逃，但是，不知道該怎麼鼓起勇氣掀開簾子走出去，而且，這群大一生中大部分都是女生，要是看到正妹，我會不會突然有反應。

「模特兒請上台。」

我內心驚了一下，糟糕糟糕，是在叫我了嗎，我要怎麼辦，就這樣光溜溜走出去嗎，天啊，未免太羞恥了。

「模特兒!?」

老師又呼喊了一聲，騎虎難下，全場的人都在等我，我在心裏暗自大喊了一聲，一鼓作氣掀開了簾子，眼睛盯著地板不敢直視任何人，迅速地走向四方形的小舞台。接下來，是我這一輩子最奇幻的時刻之一，老師指引我擺出一個蹲跪的姿勢，打了頂光跟側面光，招呼全部的學生向前圍在我身邊，接著，他拿筆跟學生說明人體的肌肉紋理，闊背肌、蝙蝠肌、二頭肌、三頭肌、股四頭肌……會溫柔地跟我說聲不好意思，要碰觸一下我的身體。

當時的我，全身僵硬，一直冒汗，不知道是因為緊張，還是因為打在我身上的兩盞燈。因為打光的關係，我幾乎看不清台下學生的樣貌，但可以清清楚楚地感覺到有一群人正在觀察我的身體，讓我覺得很害羞，時間過得好慢好久，掌心一直冒汗。

「好，模特兒可以休息一下了。」終於，這句話像等了一輩子，用手稍微遮著小兄弟，眼睛依舊盯著地板，走回到那令我感到安心的小角落，工作還沒結束，我還得上去五次。人體模特兒的工作，基本上一次三小時，保持同一個姿勢，每二十分鐘，休息十分鐘。休息時間，老師大概看出我的不安，特地來關心我。

「第一次當人體模特兒嗎？」

「喔，對啊。」

「我知道你很緊張，這是很正常的，別擔心，對自己要有自信，人體不管怎麼樣，都是很美的，我們很謝謝你。」

人體不管怎麼樣，都是很美的。直到現在，十年過去了，我都還清清楚楚記得台北藝術大學美術系王志文老師跟我說的這句話，這句話一直影響我到現在。嚴格說起來，我不是一個很有自信的人，特別是對於自己的身體。我的身高不高，狀況好的時候只有一百六，也吃不胖，整個人曬的烏漆嘛黑，像一隻營養不良的烏骨雞，再加上過敏有黑眼圈，頭髮要捲不捲要直不直。這樣的心態，對於交朋友不至於有太大影響，但對於想要交女朋友卻是個阻礙，難免會有點自卑的自以為

女生都喜歡高一點的男生，讓我內心存有陰影，遲遲不敢跨出那一步。

王志文老師的那句話，為什麼至今仍深深烙印在腦海裡，因為，那是我活了二十年，第一次，有人那麼認真稱讚我的身體，而且深表感謝。

老師講完後，立刻讓我產生強大的自信，立刻自我感覺良好爆表，下一節，我抬著頭挺著胸昂邁步走出去，還用眼神掃射全場，風靡所有女大生，當然，這是謀摳寧，不可能的事情。只是好像就沒有那麼害羞，產生了那麼一丁點的自信，原來有人欣賞我啊。下一節課，我聽到可能是第一次畫人體的學生，很小聲地說「矮額～他把那邊對著我耶。」拎北立刻換邊不給她看，妳不看沒關係，很多人想看。

這個工作最有趣的地方在於，我們看自己的身體都是同一個樣子，可是，藉由創作者的角度看到的我，又是另一個截然不同的樣貌。

剛開始，我總會有點害羞，休息的時候，都躲在自己的休息室喝水吃零食。一個作品的完成，可能需要兩三個月，每個禮拜跟學生坦誠相見三小時，久了就越來越熟悉，不再那麼陌生了。偶爾會有學生開始跟我閒話家常：「最近是不是吃比較好變胖啊」、「最近比較操變瘦喔」。體態的變化是常態，畫畫的人就是要在這動態之間去取得平衡，久而久之，關在休息室也悶，就會下半身圍個大毛巾看看大家到底是在畫什麼，最後索性就也不圍了，全裸在每個創作者間晃來晃去。

這才發現另外一件有趣的事，原來，我在他們的眼中，那麼帥啊。同樣一個姿勢，有人把我畫得雄壯威武，變成九頭身美少男，背景則是空軍的飛機，彷彿英俊挺拔的軍人；也有人把我畫成短小精悍的達悟族模樣，背景是海邊的拼板舟；也有人把我畫得像乳臭未乾的小屁孩，把我放進了她九份老家的山城巷弄。每一張作品都非常美，看起來像是我卻也不是我，每個人看到我的感覺都不同，透過筆畫用他們自己的方式去呈現。這讓我有所感觸，我們常常都會覺得自己不夠美麗，卻忘了自己在別人的眼中，是多麼的令人著迷。就這樣，慢慢的，一步一步，我在這個為藝術犧牲肉體的工作中，漸漸找到自我的

認同感。

而這也是一個有點變態的工作，怎麼說呢？必須長時間保持一個姿勢，血液循環無法順暢，最後一個小時，肌肉會變得緊繃，肌肉愈緊繃線條會愈明顯，身體的紋理跟光影會更強烈，對學生來說是更容易發揮，但卻是我痛苦的開始，我的肌肉會因為過於緊繃開始發抖抽動，甚至有幾次我撐到整個人臉色蒼白，快要眼冒金星，老師見狀趕緊叫我休息。當時我擁有青春的肉體，加減撐得住，這工作如果做久了，某些姿勢不是那麼符合人體力學，身體難免都會出狀況。

我那時候最喜歡的課程是動態素描，動態素描可能每一分鐘甚至三十秒就得換一個姿勢，不管是對模特兒或是學生，都是很大的挑戰，老師可能還會給一個道具，做到一些有象徵性意義的動作時，被老師稱讚就感覺很爽。最喜歡去的學校則是輔大，因為輔大美女多啊（無誤），還有私立學校給的時薪特別高啊。大家可能會很好奇，會不會有生理反應的突發狀況，我自己的經驗是，除非要擺的姿勢是像大體一樣躺在那邊，才有空檔去想色色的事情，不然一般來說，把體力耗在維持姿勢就累死了啦，老師也不會讓模特兒那麼爽躺著賺。

這工作我陸陸續續差不多做了兩年多，每當跟朋友聊到這份工作，我都會開玩笑地問對方：「怎樣，有沒有興趣，我幫你介紹啊。」大概也都會得到一模一樣的回覆：「哎呦，我身材又不好。」然後，我就會跟對方分享，我在這個工作上最大的收穫就——「不管怎麼樣，人體都是很美的，不管高矮胖瘦，首先，一定要先認同的自己的身體，對自己有自信。」

有些外在條件，是我無法改變的，但我可以換個角度，比方說，雖然我不高，除非我投胎，否則根本無法改變，那既然無法改變，我又何必執著在這點上。不高，但是我比例很好啊；我可以買童裝省錢；搭經濟艙可以伸腳；不會被叫去換電燈泡，更重要的，種田我有身高優勢啊，我矮我傲嬌，濃縮再濃縮，提煉再提煉，人稱精華，而且我身材維持得超好，到現在還穿得下高中的制服，天底下有幾人辦得到。又有一陣子，我覺得白頭髮很困擾，老是被人問起，我總是回答「這是智慧」或是「煩惱多啊你不懂」之類，但這兩個回答，我一直都沒有很說服自己，直到我想到一個霸氣的答案：「你傻傻的，這是挑染，很貴！名設計師天公伯你聽過沒？」

總之，既然無法改變，那就阿Q一點，用幽默詼諧的方式，正向看待這一切囉。

至於，因為身高不跟我在一起的女孩們。

慢走不送。

我的身高雖然不高，但是身價，嘿嘿嘿，不低喔！

海龍王

海龍王，是我人生交的第一個壞朋友。他是海龍蛙兵，自稱有鋼鐵般的意志力，事實證明，鋼鐵可能還有點小看他，這人的毅力比鑽石還堅硬，生命力大概連小強看到都會軟腳下跪。

他是誰？目前應該算是在國際小有成績，但在台灣還有待努力的地景藝術家。什麼是地景藝術？簡單來說，製作過程都是就地取材，不管是石頭、樹枝、枯藤、塵土……甚至是當地的廢棄物，都能被他那雙靈巧又粗糙的大手，加上我很想剖開研究的大腦，製作成一件件讓人驚呼「喔賣尬！未免太狂了吧」的作品。怎麼有人可以把日常生活或大自然中，看似不起眼甚至算垃圾的玩意重新排列組合，透過作者把人帶進一個時而氣勢滂礡，時而魔幻寫實的奇異世界，就像從土地蹦出來的巨獸，無語，卻能聽見心中的嘶吼。

他可以一個人走進山上的溪流，紮營生火開伙，然後在冰冷的溪水中，將一顆顆被流水修飾圓潤的石頭堆疊成塔。若有人路過，大概會以為他是正在修煉的苦行僧。

石頭若倒了，就拾起再調整一下角度，在搖搖欲墜的動態中取得一種平衡，成為一座座鵝卵石斜塔。為了創作，他必須忍受十幾度的溪水帶走他的體溫，還有不時隱隱作痛的腰傷。不知道如果作品完成之際若突然來個地震，他會不會崩潰。總之，他並不在乎有沒有人看見溪邊疊了十幾座及膝、甚至及腰的堆石，也不在乎看見的人會想什麼，就這樣拍了幾張照片記錄過程，完成一件作品。鄉下俗人如我，到現在也不知道這是幹嘛，但又覺得好像很厲害。

當然啦，說得再強，在台灣也沒有一個種鳳梨的有名。台灣就是這樣，至少鳳梨可以吃。藝術？那是啥，能吃嗎？不過，我們海龍王就是霸氣，沒有在管台灣，直接從國際玩起。他把作品放上網站，靠著google將創作理念翻成英文。台灣人不懂沒關係，外頭的世界大的很。幾年後，他成為亞洲海龍王，又過了幾年，因為來自歐洲的邀約，正式成為國際海龍王。說來也妙，獲得國際肯定後，台灣的邀約就自然來了。沒被歪果人肯定，都是「衝沙小」；歪果人按讚後，就成了「台灣之光，幹得好」，還真是「妙妙妙，我想叫叫叫！」

跟海龍王的認識很有趣。那時我偷用體保生的保障名額住宿舍，舍監查房時，發現可以灌籃天龍體保的一百九，怎麼成了一米六？用盡洪荒之力一跳，也只是勉強用中指指甲削到籃板下緣的地虎。儘管那時是冬天，但再怎麼熱漲冷縮也不至於如此，於是就被下了逐客令。

那時我忙著打工賺錢，在台北人生地不熟，叫天天不應，叫地地不靈，一時也不知道要去哪找住宿。一個學姊知道我的窘境後，不知道是要幫忙還是陷害，竟介紹了一個遠在安坑的地方給在板橋唸書的我，這光騎車到學校就快要一個小時，難怪後來我懶得去學校，因此被退學（大誤）。路程遙遠，冬天又冷，加上沒時間去看房，我只問了學姊兩個問題：「對方人好嗎？」「有趣嗎？」得到肯定的答案後就決定搬過去，學姊畢竟是比我還南的南部人，而我相信南部人不會騙人。

但海龍王可不是這樣想。他守著一間空房，等一個從來沒見過面、沒看過房，就說要搬進來住的未來室友，心想「這個人腦袋有問題嗎？」有時我很喜歡這種不理性的決定，只憑直覺就行事，隨性地讓老天爺安排自己的命運，只要人對了，怎樣變化也都不至於太差。事實證明，跟著感覺走，的確讓我跌了幾跤，鳳梨王子有云：「出來跑，哪有不跌倒。」卻也因為這樣看到不同的風景。

我的新室友大我七歲，是台藝大美術系的學長，眉不濃但眼睛大，五官輪廓很立體，可能長期熬夜加上抽菸喝酒，眼白有點黃黃的，留著藝術家的及肩長髮，笑起來嘴巴有點像貓，曾有人誤以為他是同志。當時他正值而立之年，我則是個還在學校的屁孩。剛搬進去，覺得這個家真酷，沒有電視沙發，客廳就是畫室兼工作室，開著昏暗的黃光，菸灰缸上的菸屁股插好插滿好像海膽，凹陷的啤酒瓶遍地開花，還有隨意擺放的紅酒玻璃罐。牆角的燈照著半夜不知會不會眨眼睛的石膏像，一面書牆，還有很多CD、VCD跟DVD，麻繩橫渡天花板，上頭夾著剛印好的版畫、手染布以及不知名的乾燥植物，尚未完成的粉彩跟油畫，散落在桌上的顏料，兩隻肥貓，Bogi跟妹妹。

一切看似雜亂，卻滿是生命溢出的痕跡。

跟藝術家生活，讓我腦洞大開，價值觀重新洗盤。之前一路都走在升學的路上，誤打誤撞來到台藝大，又唸一個沒那麼藝術的科系，覺得藝術真是件莫名其妙的事。比方海龍王有一件作品，在人來人往的西門町，是把衛生紙沾濕；要是我，就揉成一球砸到天花板或是牆壁上；但人家是藝術家，把沾濕的衛生紙在馬路上鋪成一個好大的圓，就會有人過來問這在幹啥，以為是什麼衛生紙的行銷活動。有人會閃開，有人直接走過，咖打掐、摩托車、汽車輾過，衛生紙就這樣跟著輪子或鞋子去旅行。衛生紙會慢慢乾掉，清潔阿姨來打掃，最後來一陣風，呼的一吹，又回到原貌。他記錄著這個從無到有，又通通什麼都沒有的過程。你問我他在幹麻，我還真的不知道，可能加油站送的衛生紙太多用不完。那做這有沒有錢？當然沒有。那有什麼意義？套句電影艋舺的經典台詞：「意義是尛！」這是藝術，我們俗人很難理解。

他也常帶著我去看展覽，我才知道，作品不只是作品本身，跟環境有很大的連結。一幅畫從遠中近不同的距離觀賞，各自有不同的風貌；太大的作品放在太小的空間，是囚禁了其靈魂；潔白的牆面只掛了一幅作品，因為需要空間感去襯托主體；油畫的側面，也是一種欣賞的角度，可以看出創作過程色彩的堆疊；一張看似市井小民的買菜圖，背後是創作者好幾個畫面的拼貼排列組合；一張看似小學生的作品之所以能賣出天價，因為人家買的是光陰在藝術家身上的積累。那是一種化繁為簡、返璞歸真的人生境界——時間，無價。

而看了一些展覽、接觸一些創作後，讓我印象最深刻的，是他那些在不經意之間的言語。

「沒有所謂的創作，我們都只是老天爺的翻譯。」當我們聊到才華洋溢、卻顯得有些高傲的創作者。

「有時候，觀者的解讀，就是完成作品的最後一塊拼圖。」當我們聊到同樣的作品，被各自表述。

「少用點腦，多用點心；我們思考的太多，感覺的太少。」當我看展覽時，腦袋有太多的為什麼。

「不懂，有時候，也是一種懂。」這大概是我感觸最大的一句話。

當時二十二歲的我，並不太了解他當下在說什麼，覺得他大概是被我問到煩了，什麼不懂也是一種懂？阿懂就懂，不懂就不懂啊！那照這種說法，懂是不是也是一種不懂？直到幾年後，突然想起以前高中的數學課，說有種解叫做無解。哎呀！這就有趣了，抽象的藝術跟邏輯的數學，彼此卻好像有著共通的道理。

人生中有很多事似乎也是如此，不管是職場或是伴侶關係，有時候別那麼強勢。稍稍假裝一下不懂，讓別人有表現的機會，增加對方的成就感，或許會有更不同的結果，這是一種人際關係的懂。而跟家人的關係，常會陷入一種無解的死結，是種鑽牛角尖的狀態，愈是解不開，就愈想要解開。這個無解，或是是當下唯一的解，但真的無解嗎？人的心理跟生理，都會持續變化，說不定，到時候時間自然會幫忙來解。

總之，我的腦袋一直被這些高來高去、好像不是什麼主流、課本也讀不到的價觀衝擊。原本非黑即白的世界，突然出現了灰。但浪漫的背後，殘酷常伴左右。

一天下著雨的夜，我們去幫林靖傑導演搬電影的膠卷。他的片子《最遙遠的距離》剛從歐洲參展回來，拿下了一些獎項，我心想：「哇靠，要去國際大導演的家裡耶！」滿心期待名人的家裡不知道會是多麼的藝術，膠卷搬起來就不會累。結果，一個拿下國際獎項的導演，就住在五樓沒有電梯的公寓，跟一般人沒什麼兩樣，我們把那些像是巨大飛盤的台灣之光搬上樓後，林導很阿Q地說「沒什麼好感謝的，不然膠卷你搬回去好了，說不定我死了以後會很值錢。」「別傻了，我都滿頭大汗搬上來，休想要我再搬回家。

得獎之後，檯面上看似風光，但檯面下就是要還債。為了拍片，他欠了幾百萬，原本以為得獎之後，工作機會能隨著變多——大錯特錯，國際光環加持後，大家都以為他現在很貴，反而不太敢找；殊不知他缺錢缺的要命，連活動記錄他都不排斥。天啊，一個拿下國際獎項的導演，之後不是持續創作，而是要先拍活動紀錄還錢，這對我幼小的心靈產生莫大的衝擊，覺得藝術這條路未免太難混了吧。

物以類聚，吸引力法則，我的海龍王也沒好到哪裡去。從他喝什麼，就能知道他最近的經濟狀況。平常是啤酒；若接了比較多案子，會換成比較便宜的紅酒；真沒錢就是喝水泡茶。我也看過他把白飯拌個醬油當一餐，不過，抽菸的錢不是錢。以世俗的角度來看，三十歲，沒房沒車就算了，收入又不穩定，存款沒多少，最值錢的可能就是兩隻貓。但我看到他的生活如此精彩，把朋友的事當成自己的事，怕我沒錢介紹工作給我，認真教畫（雖然常遲到），把時間跟精力投入在不知有沒有錢的創作上，像是充滿能量的野馬，不管有沒有什麼伯樂，生下來就是注定要在生命裡撒野狂奔，只可惜台灣少點讓他奔馳的草原。

曾問過正在畫畫的他，怎不多畫點作品拿去賣？他只霸氣回了一句：「你會賣掉自己的小孩嗎？」我當下突然覺得自己好俗氣，但後來發現他偶爾也會賣小孩，有可能是剛好喝醉了。

他總是喜歡叫我陪他邊畫畫邊說些屁話。我記得有一幅很綠的畫，主體是個女生的側臉，跟有許多植物的背景融為一體。從正面看，女孩溫柔的眼神抓住我的視線，似水的眸點亮了她周遭的綠；轉到側面一看，奔放的蕨類跟不知名的紅花，似乎又佔了點上風。喔，四點了吧，我隱約聽到電宰完的豬肉被丟到樓下菜市場攤販的桌上，一旁待宰的雞發出焦躁不安的聲音。陪畫的人累累，畫畫的人也差不多氣力放盡。於是我們進房睡覺，當然，是進各自的房間。幾小時過後，我簡直無法相信我的眼睛——他兩眼通紅佈滿血絲，站在那幅畫前面，一手叼著菸，一手拿著粉彩筆，沒有在畫，就只是靜靜地看著那幅作品，彷彿是在跟作品神交。他怎麼還在這？我明明就親眼看著他進房間。

「身體很累，但腦袋跟手好像停不下來。」他抽了一口菸，然後慢慢回答。

多年後，我還是覺得那晚的畫面歷歷在目。當時覺得眼前這名男子真的是太帥了，根本意圖使人愛上，怎麼有人可以如此用意志力過生活？不為作業、也不是為了賺錢，只因為他想創作，想替自己的人生留下一點什麼。而且他已經三十歲了，還能如此堅持；那些跟他在大學時代一起談理想、聊創作的同學，幾乎都已經轉換跑道，只剩下他持續創作。

人家那麼努力地活出自己，那我呢？

我在幹什麼？待在學校，好像只是浪費時間。

陳昱余

有陣子，我都叫他蟾蜍哥，因為胖到沒脖子，年紀輕輕開著黑頭車的二代，人又不高，跟一隻咬錢的金蟾蜍沒兩樣，若他真是「啾吉」轉世，那我一定是曾經把他從什麼毒蛇猛獸的口中救回來過，所以他這輩子才來蟾蜍的報恩。

陳昱余是我的好朋友，他是位CEO，真正的CEO，跟我這種校長兼撞鐘的亂搞CEO完全不同，根據不可靠線民表示，昱余跟我管理的數量差不多，都是五千，但人家管的是人，我管的是鳳梨，昱余是條鐵錚錚的漢子，一肩扛下許多家庭的生計，我佩服他。

我跟昱余的孽緣可以從高中說起，一見到他我就倍感親切，這年頭跟我一樣又矮又黑的人實在少見，加上昱余又有跟星際寶貝相似度高達九成九的明星臉，實在令人難忘，阿忘了說，昱余雖然不高，但跟我一樣都是比例好。高中時我們是戰友，一起放學吃火鍋，打籃球被蓋鍋。我們還曾經剪下彼此學生證上的照片交換，幫對方補考，他幫我考數學我幫他考生物，成績出來後，昱余奪下高分，老師還稱讚昱余說只要肯念一定都會有好表現。

大學跑到台北後，我跟昱余的關係基本上只建立在吃東西上面。我們吃了好多次在萬隆附近的798羊肉爐，我永遠無法忘記每次吃完隔天一早撇的那泡尿有多腥多帶勁，我更見證了昱余吃到飽一次吃了一百隻蝦子的傳奇偉大事蹟，桌上的那堆蝦殼簡直快要超越平日我攀爬的百岳，後來昱余吃東西吃到痛風，某天一早起床膝蓋腫的跟棒球一樣大，成為大家的笑柄。身為昱余的好朋友，我在澳洲隨後跟進，吃螃蟹吃到痛風，媽的真的好痛，但我以實際的行動跟進昱余支持他。

剃頭也是我跟他少數的交集，經濟不景氣，我們從很久很久以前就自己用剃刀理頭髮，小平頭三兩下就清潔溜溜乾淨俐落。記得第一次去昱余那邊理頭，他非常信任我就把剃刀交給我，然後專心去打電動了，我嚕了幾下覺得不太對勁，怎麼頭皮那麼清涼，問了一下昱余發現情況不妙，原來我把剃刀拿反了，剃刀直接往頭皮嚕下去，夢想中的小平頭變成挖哩勒大光頭，昱余非常心狠手辣，完全不會安慰我一直笑，也不幫我想想對策，他媽的！後來回去上班還被老闆念了好幾天，畢竟要接客面對客人，頭太光人家會怕怕。

總之，我們就是不會幹什麼正經事的噗嚨共朋友。

但昱余絕對是個重情重義不會重粉味的朋友。

有段時間，我們就少聯絡了，大家各奔東西南北，他回到家裡接事業當人生勝利組，而我繼續「浪留連」在澳洲鬼混，不知道未來在何方，到澳洲沒幾個月後，我接到他的訊息，問我之後回台灣有什麼打算，看有沒有興趣到他那邊一起工作。

有大老闆要提供工作機會給我，開什麼玩笑。

拎北當然不要阿。哇喜蝦咪狼？

哇喜浪跡天涯背包客耶，背包客界很常說的一句話：「一日背包，終身背包」，我要活在當下，今朝有酒今朝醉，才不想跟你們那些銅臭味的商人同流合污，活著就是要看世界，我還想去西藏、冰島、南極、阿拉斯加……好多地方，沒錢我可以到處打工，反正，我當時就是處於一頭熱的狀態，南極的冰原都會為我融化，只想到處玩，不想思考未來，也不想穩定。

現在想想當時的自己真是好傻好天真啊。

一年後，我回到台灣，跟大多數人一樣，家裡都只有金屬湯匙，沒有金湯匙，不得不去面對現實的問題，腦袋雖然冒出一個想種鳳梨的念頭，但害怕與不安卻也佔據心頭。

昱余又出現了。

「阿你回台灣要幹嘛？」

「還不知道，有在考慮想要回去種鳳梨。」

「幹哩賣鬧啊，你會餓死在路邊，你現在有多少錢？」

「就有個想法想試試，但現在沒有什麼錢。」

「我認真跟你說啦，你想看看，我真的很想找年輕人來我這邊一起做，希望可以一起打拼栽培到廠長的位置。工廠離你家又不遠，你這樣沒有大學學歷，我真的會替你擔心，也是要想一下未來，我不是說種鳳梨不好，但是你又沒錢，也可以先來我這邊工作一段時間，多少先存點錢再創業，土不能吃。」

這是我們認識十年來，第一次認真對話，因為各自都碰到一些關卡。我的內心很是感謝這位朋友，那麼看得起我願意給我機會，但另一方面，他也給了我非常大的困擾，到底，我該不該去他那邊工作？

首先，我真的沒錢，倒也不是說真的沒錢吃不起飯，但就是那種會為了雞腿跟排骨價差十塊猶豫不決，最後選了排骨，但其實內心很想吃雞腿的經濟狀態，也曾經把多的會議便當帶回家，這樣就可以省下一餐的飯錢。

如果我先去工廠做一段時間，多少存一點錢，再創業，似乎也不遲。再來，我不只認識昱余，也認識他的爸媽，知道他們的為人都很正派，在他們家工作，相信不只賺到錢，做人處事的道理上面，也會有一些收穫。甚至，連我爸都老實講，去那邊工作，他會比較放心，煩惱比較少。

但我卻不知道在多少個夜裡翻滾，原本溫暖的床被殘酷現實加溫，發熱逼的我輾轉難眠，好幾次我都是聽到麻雀的聲音後才入睡，這是我人生第一次失眠。我並沒有排斥去朋友家工作，但那真的是我想要的嗎？一旦我去他家工作，我們也就會從單純的朋友變成主雇關係，打籃球我肯定會狠狠幹他拐子。

我的白頭髮也差不多是那時候開始長出來，都是陳昱余害的，可惡。大多數人大概會覺得我有病吧，人家都看似鋪了一條相對安全可靠的道路了，又是自己人，雖然不至於康莊大道，但至少也是條看得到遠方目標，直直走的柏油路，不是去田裡那種彎彎曲曲下雨會有爛泥的產業道路，而且還不知道通去哪。

經過這幾年的訓練下來，我的內心其實很清楚告訴我，那並不是我想要的，我不知道我要什麼，但那就絕對百分之百不會是我想要的。那既然是不要的，為什麼我又要聽別人的話去試試，對我來說就是浪費時間，如果要試的話，我當初早就把成大唸完，台藝大也會唸完，現在或許也就在外商工作了，試一下，到底是要試什麼，我又不是沒有嘗試過的人，我不只有嘗試，還有很有常識。

但是我沒錢，沒錢怎麼辦？難不成要賣腎賣屁股或是捐精，身高一米六的精子大概也很不值錢。難道，除了在為了夢想去種鳳梨跟為了現實去工廠之外，沒有第三個方法嗎？嘸科零，我才不信，老天爺才不會那麼嚴苛，關上門後，會另外為我開一扇窗，那如果窗戶打不開呢？打不開，但有可能根本沒裝玻璃；關上門，也有可能忘了上鎖，不管怎樣，總是有辦法的，老天爺對於努力追尋自我的人，總是慷慨。

為什麼我不能再回去澳洲呢？

依我當時的狀況，跟雇主都還保有良好的關係，加上當時的澳洲景氣，我努力拼個一年，存個八十到一百萬不會是太大問題，那時候的我定性也還不太足，玩心還很重，多賺點錢，返台前去個西藏還什麼地方晃一晃，馬喜美賣。好，就這樣決定了，於是我就直接訂了年底的機票要回澳洲。

至於昱余呢？

有一晚我們去打球，他也不會一直逼問我工作的事，但我心裡很清楚他對我的關心，所以我就跟他講了我的決定，也跟他表達願意給我工作機會的感謝，他應該也會覺得這樣不錯吧。

「幹！」他卻很認真，真的很認真譙了我一聲。

「怎樣啦。」我是真的有點被他的反應嚇到，好歹也鼓勵一下吧，罵個屁。

「哇嘎哩共，你今天或許可以用時間去換到錢，但是錢不管怎麼樣都買不到時間，你今天既然有想法了，要做就要趁早，不要浪費時間，我看你也不是白痴，最怕就是沒能力沒想法，錢是最小的問題。」

直到現在，那麼多年過去，我都還可以感覺到他那晚跟我說話的眼神、語氣還有那種關心摯友的神情，搭配上我們南部很有感情的台語。還有，重點來了，他那天開一台兩百多萬的賓士，如果他今天跟我爸一樣開Toyota，對我來說說服力可能就低了一些，俗話說的好「有錢人跟你想的不一樣」，我那天被他訓完話之後，內心就像被他開德國坦克重擊，簡短幾句話一直迴響迴響。

我就燃起一個很強烈的念頭，我過去已經浪費很多時間了，他說的沒有錯，我好不容易自己內心有一個想法，現在立刻馬上就要去執行，土不能吃沒有關係，但是可以種菜來吃。沒幾天的時間，我就毫無懸念決定種田，買好的機票放水流。

當初要不是昱余這樣踹了我一腳，讓我那麼早闖進鳳梨田，我真的不覺得會有今天這樣的風景。以為，昱余的故事就結束了嗎？還沒，最讓我感動的事，才正要開始。

踹了我一腳，讓我返鄉創業後，他並沒有不負責任射後不理，他大概是我身邊的人，除了我爸之外，最清楚我經濟狀況的人，也算是知道我比較沒有金錢觀的個性，所以不時會找我去他家吃飯，我當然也是沒在客氣，除了陳媽媽手藝很好之外，我不只可以省下一餐飯錢，還能吸取一些人家飯桌上的商道。有一次大家很開心吃完飯，喝茶吃水果說屁話，然後他送到我到門口，突然手搭上我的肩膀，一樣又是那個很有溫度的台語：「如果手頭比較緊，就跟我開口沒有關係，大家互相幫忙，我希望你可以成功。」

不只一次，他都很實際的關心我的經濟狀況，我想，這是他生意人的直覺，以及好朋友最直接能做的幫助，不然他那麼胖，要到田裡幫我彎腰種鳳梨也是困難重重，我看了也難過，彼此都不好受。甚至，當我開始躍上媒體版面，當大多數人都在稱讚說我好厲害好棒棒的時候，他只會站在很務實的角度跟我說：「你從現在開始要好好思考擴大生產的問題，品質要顧好，身邊會有很多阿撒布嚕的人，要小心，有狀況可以來討論，不然還有我爸，經濟如果真的有問題，你也不要客氣。」一樣，是那個熟悉又溫暖的台南台語腔。

男子漢友情，有時候很特別，大部分的時間，其實我們見面都是在話唬爛講幹話叫對方怎麼不去吃屎死一死，平時大家也忙不是很常見面，但在關鍵的時刻，就是可以站出來相挺，不為名，不為利，就是希望對方可以成功。

或許，我離他所謂的成功，可能還有點距離，畢竟我現在只開Toyota。但是，我想告訴陳昱余，謝謝你一路的叮嚀跟提醒，我的內心只有感激，這輩子可能來不及，下輩子，換我來當你生命中的「啾吉」。

美美姐

「我是Cindy的阿姨啦！」

「Cindy？哪個Cindy？」，我很少記朋友的英文名字。

「美國念書那個Cindy啦。」

「喔喔喔。」

「我跟你講，我好喜歡看你的文章，每次看都哈哈大笑，你這樣做很好，要加油繼續寫喔，以後說不定可以出書，到台北來找我玩！」

美美姐的聲音充滿朝氣，她的活力感染了身邊的人，就像一個小太陽。雖然我跟她非親非故也沒見過面，但從短短的幾分鐘談話，感受到她對我的支持跟照顧，我當下決定一定要去找她，尤其我知道Cindy家境不錯，而美美姐的email開頭是Porchse，便開始幻想著她會開保時捷來載我，多威風啊。

剛開始種鳳梨的時候，身邊若沒有這些鼓勵，我的痛苦指數大概又會再創新高。

儘管我住在全台鳳梨最出名的關廟，阿公拿過鳳梨冠軍，從小鳳梨吃到大，但我連最基本的鳳梨要長多久都不知道！我要是一開始就知道鳳梨要長十八個月到二十個月，那肯定是不！種！了！一年半，拼一點說不定都能生兩個小孩了，我卻只能種出一顆鳳梨？沒辦法，我已經在臉書上昭告天下，攸關面子問題，還是得種看看。

但是，認真想，還真是不太對勁。

從澳洲回來，我的總資產只有二十萬，但鳳梨要長一年半，意思是我一個月只能花一萬？翻土機、鳳梨苗、肥料、雜草抑制蓆、抽水馬達、除草機、貨車、紙箱……雖然阿公是關廟鳳梨王，但也早升天成了鳳梨亡；而我爸雖然從小有幫忙，但他也不是種田的，對鳳梨的認識也只比我多一些——他知道鳳梨要長一年半。沒有人脈，爸爸也少在鄉下走跳，但種田這件事，很吃人際關係，可老人家又很封閉，我難以切入。

少數旁人的眼光，也難免會讓自己懷疑自己。

「你真的要回來種鳳梨？」

「對啊，不然勒？」

「切～別鬧了。」

好朋友從台北回來，關心起我的鳳梨事業，從他的口氣跟眼神，感受到他的懷疑與看笑話的心態，這對當時的我來說是很大的刺激。畢竟，我認為我們是很不錯的朋友，為什麼連自己的好朋友都不看好？其實不只是他，連我自己都陷入自我懷疑。當旁人看我在媒體上風光無限，私底下我只有更大的困惑，因為自己都不知道這條眾人認為很好的路，到底會通向怎樣的遠方。

我心中的惡魔與天使更是成天打架打個沒完，我開始胡思亂想：如果我當初好好念完成大經濟，現在是不是就跟那些同學一樣在101的雲霧裡頭上班；如果我當初好好待在外商公司，現在是不是也有不錯的發展；如果當初專心往戶外走，現在是不是就在當高山嚮導；如果我當初回到澳洲，是不是有可能拿到工作簽證變成澳洲人？

我沒有放棄，但這些「如果」就是會不時出來騷擾。然後我再反問自己：如果有機會回去，我要嗎？當初每一個選擇，不正是因為不喜歡嗎？只好又摸摸鼻子，把心思拉回不知道未來在哪的鳳梨田。就算失敗，也要知道自己是怎麼死的。所以白天將汗水流在鳳梨田，晚上既然沒有社交，就在網路上繼續耕耘。

我不斷書寫，用自己的文字跟還算是受過一點藝術薰陶的影像，記錄所有在鳳梨田的故事。既然要做，就要跟別人不一樣，得扭轉社會大眾對農業悲情的刻板印象，不管背後再怎麼辛苦，我都要用另一個角度出發，笑給大家看。於是，我寫了好多放蕩不羈的務農文章，台灣歷史上大概沒有人用這種方式去書寫農業。雖然思考的過程有時很頭痛，但一篇篇讓人哈哈大笑的文章，又給了我繼續書寫的動力。後來因此慢慢累積了讀者，當然也是「錢」在客戶，光想到鳳梨種出來要賣掉的壓力，就會逼我更認真去書寫。

白天種田跟土地談戀愛，晚上寫字跟臉書客人搏感情。有段時間，我徹底消失在朋友圈子裡渾然不知。直到他們提起，我才意識到大家真的好久不見。

看著自己親手種的鳳梨慢慢長大，心中真的是莫名的會有成就感，農作物是很誠實的，怎麼給，就會怎麼收。然後有一天，我竟然意外地驚覺：不知不覺喜歡上目前的狀態了。

所以，我會選擇種鳳梨當一生的志業嗎？我不知道。儘管看起來漸漸步上軌道，但外界異樣的眼光，從來都沒有停過。

乾旱的時候，大家叫苦連天，農作物裂果短收，新聞採訪都是一堆老農民苦哈哈的畫面。一直以來農業傳遞的負面形象，我實在很不喜歡，於是，我換個角度，在網路上徵每次出遊都很衰的「雨男雨女」：只要來鳳梨田時有下雨，雨量愈多，薪水愈高，結果成功吸引一波媒體的關注。外人會質疑：「務農不是都很辛苦嗎？為什麼你那麼歡樂？」但我覺得為什麼歡樂就會被覺得這是件輕鬆的事？只是認為那麼辛苦了，何必再悲情。老一輩的人則是嗤之以鼻，覺得種沒幾分地就在那邊耍猴戲，等種個幾甲地才能說自己是農民；也有習慣被媒體悲情行銷的人，覺得我這樣讓他們不知該如何是好。雖然我努力傳遞農業的生命力跟正向力量，卻跟傳統出現了衝突。

而我寫信給總統反對不合理的青年返鄉補助，背後耳語就是我擋人財路，因為這筆錢是很多人的及時雨。是啦，或許真的會幫到很多剛回鄉的年輕人；但當初返鄉，難道是因為有補助？

不只如此，有了點名氣之後，不管是身邊的資源或是申請補助，資訊都會比別人快一些，所以會比別人多拿到一點好處，「還不是靠關係」、「大牌」……之類的流言蜚語都會流傳，阿資源就在那邊，難道我要放水流，我窮到快死了，鳳梨得換成錢，才能當飯吃。

似乎無法討好所有的人，人生好難。

但一位天使，把我從牛角尖中拉了出來。她是我朋友的阿姨，但我想叫她美美姐，她應該會比較開心吧。

幾個月後，Cindy從美國回來了，我們碰面吃飯。

「怎麼沒有找妳阿姨一起來吃飯？」

「她……自殺了。」

「自殺?!」

「嗯，還留下兩個小孩。」

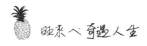

我愣在那邊，不知道要說些什麼。Cindy對於美美姐的印象也跟我一樣，我們都無法想像這樣的人竟然會自殺，還留下小朋友。她再一次提醒了我，我們通常都只選擇去看見他人陽光、美好的那一面，我們不會知道他人真正要面對的是什麼，有什麼困難或者黑暗的那一面。

跟美美姐的簡短通話，再次出現在我腦海裡。直到現在，我都記得是在家裡的客廳，時間是晚上七八點。跟她通完電話的時候，我好開心，因為比較少有人直接稱讚我，而且來自一個遠方的陌生人。回鄉種田這麼一段長的時間，我的人際社交重點都在虛幻的網路上，美美姐的這通電話，猶如online轉入offline，把人與人之間的情感連結由虛幻變成真實，這種鼓舞激勵的力道，比起網路留言又多了好幾分力道。或許我的文字曾經在她低潮的時候，帶給她一點微不足道的歡樂，這就是我的價值所在吧。

我稍微從牛角的尖端爬了出來，她對我的鼓勵一直在耳邊打轉。既然大多數人喜歡我的方式，何必管那些少數人的眼光？我無意傷害任何人，但也沒辦法滿足所有的人，只要出發點是好的、對的，就堅持自己的信念跟做法。

而我慢慢發現，喜歡的不只是種鳳梨，那只是我的工具跟媒介，重點是我想經由這個過程跟社會還有價值觀相同的人互動。堅持的並不是特定的一件事，而是一開始的初衷。

所以，我會種鳳梨一輩子嗎？

我不知道，畢竟農業的未來，看起來真的很艱困：人口老化、產業無法升級，大環境看起來不是很有利，以後會有什麼變化，很難說個準。但我期許自己能一直保有初衷，散播歡樂散播愛，讓更多美好的事在這片土地發生，直到世界充滿更多的愛。

雖然美美姐已經去當天使了，但她依舊是我心中的太陽，持續給我這個小鳳梨溫暖跟熱情，還有成長的養分。

嗨，我出書了，妳有看見嗎？

特別的貴人

「您好，不好意思，我送鳳梨來。」

送鳳梨到某個阿姨家，不知是我矮還是圍牆高，這輩子第一次看到有人家裡的牆那麼高，就算喬丹來用力跳也瞄不到牆內的世界，讓人好奇裡頭到底是何風景，該不會有養什麼珍奇異獸吧？米白色的城牆圍繞了至少三十公尺，有點期待這位客人是何方神聖。過沒多久門打開，一個窮小孩瞪大了眼看著眼前的世界。

兩台賓士，不是什麼C或E喔，是S開頭的型號，有錢人都「坐」這種大車，因為是司機在開。一大片草坪假山假水，跟很多扭來扭去的樹，一個工人正喀嗟喀嗟地幫不知名的樹剃頭，大概是一個日系的造景吧。房子就是大，砌得如歐洲的城堡，門口有兩根像羅馬競技場的柱子。在市區竟然有這樣的規模，不知道是什麼大老闆。

似乎很重的大門被推開，一個阿姨走出來，穿著一派輕鬆的休閒棉褲跟白色短T，表情沒什麼笑容，請我把十幾箱鳳梨搬到旁邊車庫。我有點期待她會邀請我進去城堡喝個茶，結果希望落空，她沒有說太多話。

「你種在哪？」

「關廟。」

「啊會不會甜？」

「不甜退錢。」

阿姨看起來很正經，所以我不敢亂開玩笑，不然通常一定回「夭壽，比妳還甜」。沒多久我就離開了城堡，雖然沒有太多互動，但心裡蠻開心能認識一位有錢的大客戶，然後有錢人都會認識有錢人，我就能賺這些有錢人的錢，加上近朱者赤，我以後也會變成有錢人，喔耶！難怪介紹我給阿姨的朋友，強烈建議要親自送過去，畢竟要抓住女人的心就得先抓住她的胃，相信我的小鳳梨已踏出成功的第一步。

後來朋友告訴我，那個阿姨不只有錢，是超級有錢，南部常常可以看見她們家的店，而且都是收現金，身價好幾個億，連朋友家裡做生意也會跟她調錢。朋友大概有跟阿姨說我的經濟狀況，所以阿姨交代，如果我有資金上的問題，可以直接跟她開口，不用利息。

沒多久，我還真的碰到資金的需求，畢竟鳳梨不可能只當鮮果賣，而我打算走自產自銷的方式，再怎麼賣銷售量都有個天花板。加上鳳梨不是很討喜的水果，需要刀工又有廚餘，超麻煩。除非有一天劉德華真的跑來為關廟劉德華代言，否則只賣鳳梨我會餓死，因此勢必要開發副產品，也就是鳳梨乾。但不管初期找廠商試烘，還是之後正式代工合作，都要先掏錢做包裝設計，代工費也都要先付錢，東加西加就十幾萬了。對某些人來說「不過」十幾萬，但我可是只帶了二十萬返鄉，雖然會有賣鳳梨的收入，可付完代工費後也剩沒多少了，還是需要一點周轉金。畢竟總不能每天都吃便當，有時候也想吃吃牛肉麵。

你說，政府不是有提供青年務農的低利貸款嗎？是啦，但要寫一堆計畫書有夠無聊，看到硬邦邦的文字我就昏倒，寧可寫遺書。裡面還得規劃還款計畫、年度稽核點、記帳核銷……但創業充滿太多變化，市場很難掌控，加上農業必須看老天爺臉色，是要怎麼規劃未來？當然啦，有很多「技術性」方式可以操作，但老子的戰場是在鳳梨田！叫我去弄這些有的沒的，有沒有搞錯？

但我現在不害怕了，因為我有金主，金主，身價億來億去的金主！金主歸金主，要開口借錢真不容易，雖然阿姨透過朋友釋出善意，但這畢竟是幾十萬的金額，對當時的我來說是很大的掙扎。一方面真的需要錢，另一方面開口借錢也太尷尬了，萬一失敗還不出來呢？如果無法如期還錢呢？我朋友夾在中間又要怎麼辦？但我真的，真的，真的很需要這筆錢。

「ㄟ問你喔，上次阿姨說可以跟她借，是真的還是假的？」

「真的啊，你有需要就講。」

「的確需要一筆錢，但不知道怎麼開口，有點尷尬。」

「哩北七喔，做生意借錢很正常啦，我們有時候也會跟她調。你那個十幾萬，對她來說跟鼻屎一樣，我們之前要擴廠，都跟她直接調一千。」

「一千塊我給你啦！」

「一千萬啦幹！」

「好啦好啦，麻煩你跟阿姨說一聲。」

慎重起見，我把烘好的鳳梨乾送過去，希望她會喜歡。早期的水果乾都是次級品，加上烘乾技術跟設備沒那麼好，得加上糖粉甚至化學添加物延長保存期限。而現在因為食安問題，大家愈來愈重視健康，多吃食物少吃食品的風氣盛行，搭配進步的機器跟技術與保存，果乾可以做到不加任何東西，單純把水分烘乾就好。雖然成本較高，吃起來卻更有鳳梨的香甜微酸跟Q軟口感，簡直屌打傳統鳳梨乾。我想阿姨一定會喜歡，立刻掏錢贊助我，說不定根本都不用還，嘻嘻。

沒多久她真的約了我們，內心興奮到一個高血壓，竟然可以獲得有錢人的賞識，基本上應該是願意借了吧（灑花放鞭炮）。但另一方面有點緊張，所以我還穿上襯衫皮鞋以示慎重，真的是不太能適應。沒關係，為了錢我可以忍。結果我朋友穿了短褲

T恤跟拖鞋，問我今天是要去相親嗎？阿姨雖然有女兒，但也要過幾年才合法。

終於，那道厚重的門為我而開，我瞪大雙眼好奇看著豪宅的內在美：螺旋樓梯搭配水晶吊燈，根本是飯店才會出現的組合。地板是大片大片的白色大理石，電視有夠大，裡頭的人快比我高了。還有滿室的檜木家具香，與擺飾的瓷器。很好很好，我以後也要過這種生活。

阿姨隨便買了點食物，招呼我們到餐桌上，我假裝乖巧細嚼慢嚥吃東西不發出聲音，先聽她跟我朋友寒暄問候幾句。畢竟生意人談的不外乎就是生意，然後也不會浪費時間，直接切入重點。

「我覺得你的鳳梨乾不行。」

花惹發！當然啦，我是發在心裡。不好意思，這位阿姨，請問妳說什麼？

「你的鳳梨乾不夠甜也不夠乾還有一點微酸，應該要這樣這樣那樣那樣……」

本來站在高崗上的心情，瞬間被打進馬里亞納海溝，這不只被潑一桶冷水，根本就是被丟進液態氮。妳今天對我提出邀請，也吃過我的產品，不借我錢無所謂，但特地找我到你家對我洗臉？我已經做足市場調查，也試了好幾間加工廠，烘壞扔了許多鳳梨乾，不敢說第一好吃啦，但真的不差。雖然我很想看看有錢人家裡長怎樣，但沒必要這樣羞辱人吧！而且你好姐妹的兒子、我朋友，他在旁邊耶，叫他情何以堪？

到底是我的鳳梨乾不好吃，還是妳不懂吃。要甜是不是？簡單啊，灑糖粉就好；是要多乾，比你的臉還乾嗎？我就烘乾到讓你咬不動；有點酸？妳這種心態才酸吧，鳳梨本來就有點酸味，懂不懂，那是天然的滋味。

我也不知道哪來的修養，竟然可以內心幹譙卻面帶微笑，聽著對面這位事業有成的阿姨對我發表高見。因為朋友也在，我必須忍住心中的氣，以免讓場面太過尷尬。

「謝謝阿姨的建議，我會回去好好想想怎麼調整。」

回家後，朋友跟我說了聲抱歉，他也很意外竟然會那樣，這是我人生第一次被羞辱，不借錢就算了，還特地把兩個晚輩找去上課。妳有錢有勢又如何？老子打從心裡瞧不起這種人，從頭到尾用一種倚老賣老的姿態，也不聽聽我的想法跟意見，把我教訓完就說時間差不多了，有下一個活動要跑。

我氣，真的氣，氣自己他媽的不爭氣，得為幾個錢對別人低聲下氣。

但這件事反倒成為一個轉捩點，我就把這股氣給憋著，然後爆發出來將產品做得更好，行銷弄得更漂亮，文案寫得更迷人。妳可以吐槽我、教訓我，也可以看不起我，但我會證明給妳看，證明妳當初看走眼。我不敢說幹得非常好，但事實證明真的不差，每年鳳梨乾都賣光，老客戶回流率很高，甚至還有法國、香港、美國、中國……世界各地的客人。感謝那位阿姨，感謝她當初的「諄諄教誨」，變成我衝刺的動力，替我上了很棒的一課，是我人生中碰過很特別的貴人。

如果有一天，我幸運有了一點錢跟成就，告訴自己，千萬、千萬不要成為當初內心討厭的那種大人。

朱麗倩

朱麗倩是誰？

劉德華的老婆。

我是誰？

關廟劉德華。

如果你問我，人生中有沒有什麼很後悔的事，或是對誰感到愧疚，朱絕對曾經是名單的首選。

跟她認識，大概是二十二歲那年吧，一開始我對她還真是沒什麼好感。那時我們一起跟社團去了雪山，我負責壓隊又背了一堆東西，前面那群女生走得又慢又嘰嘰喳喳。要知道，背重物又沒辦法照自己的節奏走，肉體跟心靈都得承受巨大的煎熬，有人很羨慕說我們是正妹團，但我心中只有OS：正妹拜託可以話少一點走快一點嗎？

下山後，留了彼此的MSN（石器時代的Line），我以為跟她就不會再有什麼聯繫了，沒想到，卻開始聊起天來。我先承認，一開始有很大原因，是因為覺得她滿漂亮的，多漂亮？難道有人會懷疑劉德華的眼光嗎？再來也是她講話滿有趣，加上也是南部人，彼此tone調還算合。

聊著聊著，就發生一件有趣的事情，在台北那個又冷又濕簡直讓人憂鬱的冬天，我跟她抱怨宿舍簡直像是冷凍庫，於是她就獻身幫我取暖，啊不是啦，她就捐獻出她的電毯，撫慰我空虛寂寞覺得冷的肉體跟心靈。我那時才知道，哇，正妹的東西真的都香香的。後來，我們又走得更近了一些，有時早晚會去河堤跑步，有一次，跑步完，躺在草皮上看著飛機畫過藍天白雲，夭壽，怎麼那麼青春洋溢。

以為我們要在一起了嗎？沒有。

我生日前幾天，她很主動地說要幫我慶生，於是我滿懷期待，期待古靈精怪的她會給我什麼樣的驚喜。結果也真的是個大驚喜，生日那天，她消失了。從下午到晚上，我都聯絡不到她，直到十點多，她才說人在台中回台北的路上，趕不回台北幫我慶生。好吧，我當下很不爽，倒也不是慶不慶生的問題，而是為什麼沒不提早告訴我，讓我一個人滿心期待地空等。我當下倒也沒跟她吵架，叫她路上小心回來再聯絡，隔幾天後，約了她家樓下碰面，她要拿生日禮物給我，那晚，我不想壓抑心中情緒，跟她講了生日那天我心中的不悅。然後，她也爆炸了，說他那天很忙，手機又沒電，這樣這樣那樣那樣的。兩個人口氣都不是很好，最後，她很不爽地甩上一樓的大門，轉身就走。

我們大概就到此為止吧，我心裡這樣想。

之後，隔了有快一個月都沒聯絡。然後，我就去爬山了，走到了行程第六天吧，在某個山頭看著遠方的奇萊南華山，我突然想起她，想起她應該也是差不多同時間要去那，於是，忐忑不安地撥了電話給她，心想著她應該不會接吧。

「喂～～～」

她接了，電話接起來了，沒有任何尷尬，我們就像之前那樣很自然地聊天。我關心起她爬山的行程，她也問了我的狀況：「你要小心喔，回來再聯絡。」結束通話後，本來累得要死，直接重生補滿血，健步如飛。

三天後，我摔下山，摔下二十米的溪谷，再三天後，被直升機救出去，送到竹山秀傳醫院急診手術。在醫院，出現了我生命中的Magic Moment。手術結束，我從恢復室被送到一般病房，麻醉剛退、精神恍惚半夢半醒之際，我的家人圍了上來，就在這個關鍵時刻，這個我生命中很最脆弱的模門特，我爸的手機響了，你猜，會是誰打的。

朱麗倩。

她的這通電話，就像一劑強力腎上腺素注入我心房，讓我的小鹿亂撞。那時的我連眼睛都張不太開，但是一聽到她的聲音，就彷佛出現一道光，她就是我那黑暗生命中散發著光芒的女神，我要把這輩子許配給她。

浮誇嗎？一點也不。

要知道，我當時的生理跟心理狀態都非常虛弱，我幾乎摔個半死，在海拔三千的山區被困了三天，缺水又無法動彈，身心受盡煎熬，她是我生前最後的通話者，也是我生後第一名通話者，我的家人甚至都還來不及開口，她的關心就先溫暖了我冰冷的耳朵。

她下山後剛好在慶功宴，電視上正播著山難的新聞，爬山的人對於山難事件總是特別敏感，螢光幕上的畫面出現一個臉色蒼白看起來快要死掉的人，竟然就是我，打了我的電話不通，再趕緊打給我爸，就剛好成就了我生命中這個奇幻的時刻。所以我們要在一起了嗎？當然沒有，歹戲，總是喜歡拖棚，而好戲，肯定就在後頭。

出院後，我回到台南進廠維修，一方面龍體欠安不能趴趴走，另一方面，也在思考自己的未來該往哪走。而她，大概也忙著大學的畢業論文跟打工，分身乏術，互動就淡了一些。幾個月後，我決定要去澳洲旅遊打工，忘了出發前有沒有告訴她，想說都隔了赤道，大概兩人就這樣了吧。

結果也不知道怎麼搞的，距離隔了好幾千公里後，我們反而又熱絡了起來。我常跟她分享澳洲的趣事，她也跟我碎念一些研究所跟工作上的雜事。有天下午，我心情很差，覺得諸事不順，傳了簡訊跟她抱怨東抱怨西，沒多久，我的手機響了，是她的號碼，但我按下拒接，發訊息跟她說國際電話很貴，等我有錢去加值後再打給她。五分鐘後，手機再度響起，一個沒有顯示號碼的來電，該不會是有新工作吧，我接了起來。

「幹嘛掛我電話！」她不客氣地大罵。

「我……哎呦，不想讓妳花電話錢啊。」

「有什麼關係，平常都你陪我，你心情不好換我陪你啊。」

這位朱麗倩小姐，總是可以在我低潮的時候奇蹟般出現，將我從泥淖中拉起。在澳洲的一年，我們沒有吵架，也沒什麼好吵的，就這樣一直有點曖昧曖昧的，直到我快要回台灣的前夕。「我幾月幾號幾點幾分的飛機，妳要來接我嗎？」臉書訊息，已讀不回。有點猶豫要不要再問一次，但這樣會不會好像我在逼她，算了吧，到時候就知道。

飛機準時落地，我的內心既期待又怕受傷害，她到底會不會出現。那是個還沒有智慧型手機的年代，台灣號碼的sim卡我也沒帶出去，於是，我懷著忐忑不安的心情，推著行李，走出二航的入境大廳，我很希望很希望能看見她陽光般的微笑。

小小的入境大廳，旅客三三兩兩，我左顧右盼，尋找她的身影，一年多不見了，不知道她會變怎樣，雀躍的心情在二航繞了兩三圈，等了二十幾分鐘，我沒有看見她，也沒有人衝上來迎接我。唉，我這個自作多情的北七，人家又不是我女朋友，為什麼要來接我，走吧。

臨走前，我站在公共電話前面掙扎了好一陣子，到底要不要撥電話給她，該不會是有事Delay了，不會吧，接機這麼重要的事。如果我打過去，她本來就沒有要來，這樣豈不是尷尬，我何必拿熱臉去貼冷屁股，第二航廈就這麼小，也不可能看不見彼此。算了算了，先去台北的朋友家吧。

隔天一早，睡到自然醒，登入MSN，立刻被她的朋友痛罵：「你知道她昨天在機場等你等了兩個小時嗎？！」花惹發？？？我完全一頭霧水，那五科零，怎麼可能？飛機沒有延遲，我們不過一年多沒見，怎麼可能完全沒認出彼此，我還在那麼小的第二航廈繞了二十分鐘。

「她帶著你想吃的東西，一直等不到你，哭著打給我，一個人在機場，一邊哭一邊把冷掉的食物吃完，你最好現在立刻馬上跟她聯絡，要死了你！」

對話結束後，我趕緊撥電話給她，約了時間碰面，一輪三十兩輪六十衝去板橋找她。

「對不起……」我內心滿是愧疚，光是在腦海裡想像她昨晚在機場的畫面，就夠讓我良心不安了。

「沒有關係啦……」我感覺得出來她在壓抑情緒。

我們對於在小小的機場，竟然看不見彼此都感到很不可思議，她描述了當下的情境，有三個外國人在一根柱子下充電用電腦，跟我看到的一模一樣，就不知道是鬼打牆還是鬼遮眼，天公伯啊為何要如此捉弄人，讓我們錯過了彼此。

「妳怎麼不說要來接我啊？」這問題，我想更是讓她傷心。

「我想說，想說要給你一個驚喜。」

她看起來，沒有很想要跟我多聊的意思，彼此似乎都有把一些話給悶在心裡，說了再見。

之後，我回到了台南，決定要返鄉種鳳梨，跟她雖然偶爾還有聯絡，感覺卻似乎有點變了。先說結論好了，我們終究沒有再一起，但是，她卻是我返鄉務農在初期非常非常感謝的人，不敢說沒有她就撐不下去，只不過，若是少了她，我的心裡會更辛苦。

決定要返鄉務農，對我來說是個非常重大的決定，於是，我賣弄了感情灑狗血在臉書寫了一篇文章，昭告天下我要回關廟種鳳梨，一方面加強自己的信心，另一方面也是讓別人對我監督施壓。文章po完沒多久，手機震了一下，來了一封簡訊。

「你一定辦得到的，我相信。」是她。

就這樣，我們又重新搭上線，雖然一個在台南，一個在台北，世界卻又重新接軌，她也曾經到我田裡體驗了兩次農婦，我也參與了她的畢業製作。現在回想起來，我們兩個那時候的人生處於很類似的狀態，我是創業的混亂初期，她則是焦慮的畢業製作兼職場新鮮人，某種程度上的惺惺相惜互相取暖吧。我們分享著彼此的生活點滴，對於過去發生的事，似乎都不太想提。

然後，我終於，隔了那麼久，問她要不要在一起。她沒有說不，但不知道這樣好不好，她坦承，機場的事情讓她心裡有陰影。我也沒有強迫她，直到我自己親手把我們的關係給搞砸了。

寫信給總統瞬間爆紅後，她覺得我變了，我有點大頭症，喜歡鎂光燈，喜歡有發語權，喜歡被關注，我的世界瞬間變得很複雜，不是媒體就是政治，她是個低調不喜歡被關注的人，這樣的我她覺得很奇怪。

最後，我自己引爆炸彈。

某次被一位名人採訪完，瞎聊到感情，我就提到了她，在這麼艱難的初期，要是心裡沒有放著一個人，真的會很難熬。

於是，他就說那好，要幫我送一顆愛的鳳梨給對方，跟採訪無關，純粹好玩。我沒有想太多覺得有趣，就給了女生工作的地點。隔天，驚動整個公司，連總經理都好奇，想說這新來的女孩子是何方神聖，怎麼可以讓一個這麼大牌的人上門，只為了送一顆鳳梨。這個行為簡直是踩到她的地雷，她說的沒錯，我有嚴重的大頭病，完全沒有考慮到對方的感受，只考慮到自己。

之後，各自的世界漸漸不同，出社會後的價值觀也慢慢轉變，我們的關係也就淡了，散了。這個遺憾的確是放在我心中好一陣子，為什麼當初在機場不敢打電話給她，為什麼不敢直接讓她知道我很希望見到她？怕受傷嗎？自尊一斤是值多少，該死的自尊。如果當初我們在機場有碰面，現在不知道會變得怎樣。

我們這樣的關係前前後後大概持續了三年，看到這，大部分的人可能會崩潰吐血吧，我這傢伙未免也太孬，扭扭捏捏的，平常嘴砲打的跟什麼一樣，感情這部分表現得卻像個俗辣。

直到我一個天蠍座的醫生好朋友，像是診斷病情般不帶任何情緒跟我說：「你就是有親密關係恐懼症」，宛如毒蠍帶刺的尾巴，扎進了我的內心深處。才驚覺，的確，哇喜幾勒臭俗辣！

親密關係恐懼症

我成長在一個不是那麼健全的家庭。

從我有記憶以來，就沒有那種家庭和樂融融的畫面，跟爸爸媽媽在家一起吃晚餐分享生活點滴、一起出遊，沒有，完全沒有。

甚至，連小孩最期待的生日蛋糕，我腦海所及，都是不好的回憶。

大人忙碌疏於照顧也就罷了，爸媽的感情也沒有因為收入增加而增溫，反而是三天一小吵，五天一大吵，最後甚至還拳打腳踢練起身體。我永遠永遠都記得那晚發生的事，儘管已經二十幾年，那畫面就像初戀一樣刻骨銘心。

那一晚，他們又吵架了，吵什麼我也忘記了，當彼此看不順眼的時候，就算是稱讚對方，也會被視為酸言酸語。兩個人彷彿是參加大聲公比賽，分貝愈拉愈高，我媽按捺不住情緒要上前跟我爸理論，我爸一揮手將她甩開，可能因此不小心打到她的鼻梁，我媽當場大噴血，一怒之下轉身進廚房，拿著菜刀怒吼著跑出來要砍我爸，氣勢之驚人，簡直就是周星馳電影功夫裡頭的包租婆。

當時的我，差不多八九歲吧，只能在一旁一直哭一直哭，希望眼淚能化成珍珠，讓兩位施主能放下彼此的怨懟。住在鄉下的獨棟透天，好幾十公尺外才有鄰居，那時大家都正在專心看民視八點檔灑狗血，哪有時間管鄰居打打殺殺，就算聽到，說不定還以為是立體環繞音效。於是，我趕緊拿起電話打家暴專線。

「您撥的電話是空號，請查明後再撥。」在那個剛解嚴完沒多久的蠻荒年代，根本沒有什麼家暴專線啊，各位小朋友，如果家裡不幸發生暴力事件，請記得撥打113喔。

俗話說的好，惹熊惹虎，千萬嗯湯惹到恰查某，見這事態一發不可收拾，我爸便使出三十六計走為上策，逃避雖然可恥，但是有用，帶著小孩先去吃晚餐，讓我媽冷靜一下。

一個小時過後，不管怎樣，畢竟家都是最溫暖的避風港，就算港口剛被颱風掃過，開車經過門口確定沒有異狀後，我們刻意不將車子停在門口，走一段路回家，就在這時，突然有一龐然大物排山倒海而來，不就是在課本上看到的台灣黑熊嗎？黑熊什麼話都沒說，衝上來朝我爸一記左勾拳右勾拳再來個頭槌，我爸當場成了練習用的沙包，挨了好幾下倒在路旁抽搐，一旁昏黃的路燈燈光斜照著，真是有種說不出的淒涼感。

那隻黑熊，是我的舅舅，他是個身材厚實、膚色黝黑的板模工人，我的爸爸，同時是他的妹夫，也是他的老闆。雖然，那是個夏天的夜，但我的全身發抖，內心發寒，我不懂曾經彼此相愛的人，為何會變成彼此的仇人。我親眼看著自己的爸爸被舅舅揍暈，倒在路邊一動也不動，像是一團垃圾等著救護車喔咿喔咿。自己的媽媽則是在一旁大喊「怕吼係！怕吼係！」之後發生什麼事，我早已忘記，童年對於家庭的印象，幾乎是停格在那個寒冷的夏夜。

小學六年級，我爸為了讓我能受到更好的教育，便把我從鄉下帶到市區唸書，從此，我的媽媽就幾乎消失在我的生活中。她並沒有離開，依舊住在關廟老家，我還是會回去看阿公阿嬤，但她對我來說就是不在了，不再了。

連我自己也不知道，這些童年的家庭事件，對我之後的心理會造成很大的影響。說來也不怕被大家笑，我直到三十一歲，才交了第一個女朋友，如果童子尿有價，那我肯定曾經身價不菲。

在學校裡，我一直都是風雲人物，成績不差、師長喜愛、人緣又好、講話幽默、長得又帥。我也不是那種跟女生講話會害羞的人，相反的，女生常常能被我逗得很開心，照理講，像我如此優秀的男性，女朋友應該是要發號碼牌的。但看著身邊的人女朋友男朋友，交了又分，分了又交，而我的童子尿年份卻愈陳愈香。幾年來，也不是沒有喜歡的女孩子或曖昧的對象，最後卻都不了了之、無疾而終，那也那也同款，情字這條路，乎你走就輕鬆，我走就艱苦？

我心裡也是感到很困惑，但理不出個所以然。直到被朋友一針見血說出「親密關係恐懼症」，這七個讓我玻璃心碎滿地的字後，才讓我去正視自己內心的問題。

我要再聲明一次，本人真的很討厭天蠍座，天蠍簡直就是我的剋星。天蠍沒有同理心，只有捅你心，加上我那個朋友又是個邏輯理性到不行的醫生，當她用像是看診抓病因般，不帶任何情緒地對我說出「親密關係恐懼症」後，我他媽真的是&*&*#$%$#，我跟妳很熟嗎？妳憑什麼這樣說我。

但我也要再聲明一次，雖然我不是那麼喜歡天蠍座，同時我也是很愛天蠍座。本人剛好是做資源回收最喜歡撿拾碎玻璃，我相信事情都有個系統跟脈絡，事出必有因，而且，我們真的是很不錯的朋友。出社會後就會發現，要特別珍惜身旁每一位願意說真話的好朋友，她又是一個腦袋比我這種死小孩還要聰明百倍的人，她會這麼說，一定有其道理。

於是，我開始去正視自己的問題，更精準一點，我會說現象，用問題來形容自己似乎有點負面。首先，我想知道自己為什麼會變成現在這個樣子。

我是個有點抖M體質的人，喜歡被人直接拿大刀砍痛處。有人不喜歡傷口被撒鹽，我也不喜歡，我喜歡傷口被倒油再放火，雖然當下可能會很痛苦，但大徹大悟後將浴火重生。於是我開始買書、看心理諮商，甚至直接找我爸對談，若他兒子現在的狀態，是某種程度他捅出來的婁子，那他多少得分擔一些責任。

我相信，沒有一個人的內心不渴望一段穩定的親密關係，而我，則是在渴望以及害怕中不斷擺盪。一方面，我當然很希望生活中有人陪伴；另一個我，卻也深受童年陰影的影響，怕自己假若處理不好兩個人的關係，就會落得跟自己爸媽一樣的下場，孩子都是看著爸媽的樣子長大。於是，在兩性關係裡頭，我顯得很猶豫不決，自信不足、扭扭捏捏，遇到喜歡或合適的對象，每當我想再往前一步時，我就會感到害怕，害怕自己不夠好、害怕對方知道我的一切、害怕自己不知道怎麼去經營兩個人關係、害怕自己生活多了一個人，害怕害怕、害怕自己踏上爸媽的後路。然後，然後就沒有然後了，沒有一個女孩子會喜歡在兩人關係裡對自己很沒自信的另一半。

面對問題，永遠都是解決問題的第一步。但是，我能接受嗎？

誰不希望自己的家庭幸福又美滿，關於自己的家庭背景，過去的我一向是避而不談，覺得那是件不光彩的事。好像每個人都有個正常的家庭，至少都有正常的爸爸媽媽，只有我們家是個畸形。於是，我把這些傷口跟苦悶，收拾摺疊地整整齊齊，小心翼翼放在內心見不得光的最深處。為了好好隱藏，那個陽光搞笑幽默惹人喜歡的我，某種程度是為了武裝、保護自己內心的脆弱，如果我表現得很正向，就不會有人去注意到背後的陰影了。多麼幼稚的想法。

開始去正視自己後，慢慢就會發現，那句很老派卻又很中肯的話，不管是金剛經、大悲咒、聖經……反正家家都有本難念的經，每個看似幸福美滿的家庭，背後都有其不為人知的故事。經營家庭，特別是有小孩的家庭，永遠都不是一件簡單的事，沒有人是生下來就知道如何為人父母。

如果我不能改變自己的原生家庭，那我唯一能做，就是去接受現況。

我問自己，喜歡自己的樣子嗎？雖然好像不是很滿意，但似乎還算可以接受。好手好腳好好工作，收入穩定也有自己的時間，玩的也沒有比別人少，偶爾出去還會有人請吃飯，萬事俱全只欠女友。我說人啊，不管在人生的什麼階段，都一定要先接受自己的樣子，先是自我認同，接下來才有可能會得到別人的認同，如果連自己都不相信自己了，還要冀望誰會相信。

如果我喜歡自己的樣子，那麼，都是過去的點點滴滴造就現在的我，我理當去感謝每一個過去。雖然過去曾經帶給我一些不好的回憶，但狗屎經過時間發酵也是可以變成肥料。更何況，生育我的父母想必也是非常痛苦，在那個沒有自由戀愛、相親至上、賺錢第一的年代，或許他們是一對錯誤的組合，但是卻誕生最完美的我。他們也很努力，努力不要讓自己的情緒發洩在小孩子身上，我不忍去指責他們，沒有人願意事情發展成這樣。我生在一個不健全，卻依舊有愛的家庭，有別於正常家庭的愛，但一樣都來自父母的愛。

至於要怎麼處理呢？

說實在地，我也不知道。除了透過閱讀、看心理諮商，用一個比較有系統的方式去了解自己的組成脈絡之外，我總覺得好像還少了什麼。冤有頭債有主，解鈴仍須繫鈴人，打怪就要打大魔王，既然這是原生家庭所造成的，那不如就直接找我爸聊聊吧。

要跟爸爸討論這種很內心層面的話題，特別又是原生家庭問題，實在是非常尷尬不知道該怎麼開口。但我本人有個犯賤體質，不喜歡卡住的感覺，只要讓我發現問題核心，千方百計都會試著去解決，什麼自尊面子一點都不重要，我想要解決問題，讓自己的人生快活一點。

「呼～～～」鼓起勇氣，先吐了一口氣，我便將這幾年的事情以及這陣子的反思，宛如一江春水向東流滔滔不絕向他報告。

「我覺得自己有親密關係恐懼症，這現象可能是原生家庭造成的，所以我想跟你聊一聊……」我記得自己是這樣開頭的。

面對自己的孩子提出這樣的問題，我想任何一位愛小孩的父母，內心都不會好受，畢竟，每一位父母都希望自己的小孩在一個幸福健康的環境中長大，只可惜，事與願違。我告訴我爸，我並不是要去指責他，相反的，我內心很感謝我的家庭，我只是想要找個人，跟我最親密的人，好好聊一聊天，把自己內心潮濕發霉的幽暗角落，攤出來曬曬陽光吹吹風。

聊著聊著，我爸也笑了，跟我分享一個自己年輕時候的故事。他二十幾歲的時候，在醫院工作，想要認真苦讀拼出一番成績，而當時的一個小護士對他很有興趣，有一晚，她到宿舍找他，孤男寡女共處一室，女生都把我爸的手抓到胸部上了，我爸心裡想的卻是「阿捏甘賀，嗯湯阿嗯湯，不能為了兒女私情，誤了人生大事業，我要趕快唸書。」當晚，小護士悻悻然離開了，自此再也不理我爸不解風情的書呆子，而我爸還覺得奇怪，為什麼小護士從此態度轉變。

「幹哩北七喔！你是怕不舉逆啦！」哈哈哈哈，我忍不住恥笑他。

「早知道就處理下去，送上門的我不要，結果自己跑去虎口碰到你媽這個恰查某。」一中年男子的悔不當初。

兩個世代掏心掏肺，搭配一點互相漏氣的垃圾話，讓彼此心裡的結都解開了不少，那是個有點寒冷的夜，但彼此的心都暖暖的。那些小時候的陰影，似乎就在這過程中，慢慢地被我包容接受，然後放下，成為我真實的一部分。所以，我從此就沒有親密關係恐懼症了嗎？

不。

我依舊會感到害怕不安，只是，知道自己不安的來源之後，心裡反而感到一點安全感，原生家庭所帶給我的影響，我可以選擇重蹈覆轍繼續踏上他們的後路，或者，我也可以選擇避開他們所犯過的錯誤，去學習如何經營兩個人的關係，成為更好的自己。我爸媽，為了拼經濟，有很多的苦衷，他們那個年代，無非就是為了下一代的柴米油鹽醬醋茶，在他們的努力之下，我們有了基本的物質生活，我想，我們是更有能力跟條件去追求自己的幸福。

過去的我，或多或少，都會有一點點覺得自己是家庭受害者，這是很正常、自然而然形成的心理狀態，這樣的心理狀態，無形中能夠變成一種自我的保護傘，但是，難道我的爸媽就是加害者嗎？不，他們是全天下最不願意去傷害我的人，那既然沒有加害者，那又何來的受害者，受害者的心理只會得到同情，不會得到愛。

比起害怕不安，我現在的內心反而是更多的興奮跟期待，覺得自己是個很不錯的人，相信有一天會出現那個人，跟我一起組隊，攻打人生中的每一個怪。既然大家都叫我鳳梨王子，那我註定就會碰到屬於我的公主！

對不起

「對不起……」

從尼泊爾下山後，我鼓起勇氣，跟前女友說聲對不起。

說來也不怕被笑，我直到三十一歲才交了人生第一個女朋友，也在三十一歲分手。

二〇一八年初，不知道是天氣太冷，讓兩個寂寞的心聚在一起取暖，還是異國的氣氛太浪漫，總之，老天爺給了我一個奇妙的緣分，讓我們在紐約時代廣場擁吻，彷彿全世界只剩下我們，我們講了所有熱戀中情侶都會講的甜言蜜語，也做了所有熱戀中情侶會做的事。

我活了三十年才知道，原來當女生問「你在幹嘛？」的時候，她的意思是「我很想妳。」，當女生問「你想吃這個還是那個？」的時候，你也可以回答「我想吃掉妳。」

我們的戀情就像煙火一樣絢麗，卻也一樣短暫，維持沒有幾個月的時間。

回到台灣後的現實，將我們打回了原形，分隔兩地、價值觀不同、個性差異……總之，我覺得走不下去，我現在也想不起來分手的原因，於是提了分手，儘管我內心也是感到很難過，覺得自己有點狠，畢竟我也是有血有肉會流淚的人，但我就還是覺得這段感情走不下去。

幾個月後，假療傷之名，行爬山之實，我到了尼泊爾聖母峰基地營，旅程的後半段，我出現了高山反應，走得十分百分千分萬分痛苦，我只能靠著不斷回想人生中很美好的回憶，才能讓意志力繼續支撐我走下去，我想起了高中幹過的蠢事、那些跟朋友說的垃圾話、澳洲攔便車的過程、爬山看過的風景、我可愛的鳳梨阿嬤、這幾年人生的精彩變化……

當我已經快把腦袋中的快樂資料庫用完時，我想起了她。想起了我們在墨西哥相遇，在美國相戀，去機場給她驚喜，一起爬山，一起潛水，一起滾床單……

要不是還有這些快樂的回憶，或許我早就意志崩潰被直升機送下山了。

而人啊，就是如此犯賤，一帆風順不會讓你體悟出什麼道理，總是要在困境逆境或是碰到什麼痛苦的時候，才會去省思自我檢討。特別是在爬山這個漫長的過程，在那個意志跟體力都是人生最大挑戰瀕臨爆炸的時候，很多人生的畫面就跑了出來。

我看到了自己的幼稚與不成熟，特別是在愛情裡。

我想起了她的一句話：「我不懂，都還沒試著努力，就要放棄。」我那時天真的以為，合就合，不合就不合，要努力什麼。

在尼泊爾爬山的時候，我深深看清自己的本質，我其實是一個自我意識很強，對於不喜歡的事很容易放棄的人，大學不喜歡我就不念，工作不喜歡我也就換，我不想去勉強自己做不喜歡的事，甚至，碰到我不喜歡的客人，我也會不想賣他鳳梨。

或許吧，我這樣特質強烈的性格，讓我摸索到自己喜歡的工作，也會吸引到同質性高的朋友。

但這樣的個性，如果是放在愛情上頭，我就準備一輩子孤苦無依吧，我要何德何能去找到一個跟我百分之百都很合的人，就算我上輩子是甘地、德雷莎修女加上馬丁路德金博士，大概也都沒有這種福報。

可能，因為從小就看爸媽吵吵鬧鬧，我的內心會更渴望一段感情，一段完美，跟他們不一樣的感情，我不想重蹈上一輩的覆轍。於是我不斷地尋找尋找，尋找心中那個絕對完美對象，我那幼稚的理性常會淹沒愛情的感性，讓我舉棋不定不知該如何是好，因為我害怕，只要有一點點的小差錯，就會變成我爸媽的關係。

在這樣的影響之下，或許我的潛意識就會有個想法，逃避問題，那就不會有問題了。

想在愛情裡追求完美的人，是自私的，因為我並沒有換個角度，站在對方的立場思考，如果我希望另一半是個完美的人，那麼，我自己是否又有那個資格，成為另一半完美的人呢？若我一直都有這樣的完美心態，那肯定永遠只會在情海浮浮沉沉、尋尋覓覓，愛情的一開始肯定是華麗而絢爛，看著彼此的眼裡都閃耀著光芒。塵埃落定後，開始會為了金錢、遠距離、價值觀、工作……開始有了很多的激烈「討論」，這時，我很容易就會覺得自己選了「錯的人」，於是想要放棄感情，但相處的心態出現問題，並不會因為我換了一個人，問題從此消失。

放棄，對我來說，某種程度上是解決問題最快的方式，或許，我可以解決一時的問題，但卻沒辦法解決埋藏在心裡深處的問題。

於是，在感情裡碰到問題，我並先去沒有思考溝通，找個適當的時間，跟對方好好聊一聊，也沒有換位思考從對方的角度出發，而是直接覺得不適合，所以放棄。所有的關係都是需要努力去維繫，有些道理說來簡單，人都懂，但是卻得花一輩子的時間去實踐。

眾人稱羨的完美感情，背後都是不知道經過了多少磨合，「對的人」並不會憑空出現，一段好的關係，好比一場雙人舞，妳進我退，我進妳退，慢慢練習，調整舞步，找到適合兩個人的節奏，如果我渴望找到自己的靈魂伴侶，那麼，首先我得先打破不切實際的幻想。

沒想到，在這趟的爬山過程，讓我看見在愛情裡，那麼糟糕的自己，傷了女生的心，雖然內心覺得有點尷尬，但我還是鼓起勇氣向她說了對不起，感謝她帶給我那麼多美好的回憶，能讓我在海拔五千撐下去，也感謝她，讓我又更看清自己。

同時，我也要感謝自己，感謝自己那麼勇敢地去面對內心曾經的陰影。

談戀愛，是件好有趣的事情，在感情裡，能夠透過另外一個人更了解自己，說來好笑，平時我看起來瘋瘋癲癲，有點狂傲，但是對於愛情，因為家庭給我的影響，加上自己胡思亂想的大腦，我卻是很沒有自信，直到這幾年，我才慢慢去正視自己的心理狀況，一定要先自我認同，才會獲得別人的認同。

我在這次的愛情裡頭失敗，並不代表我在愛情裡就是個失敗者。

我深信，每一次的失敗，都是為了成長而存在，我自己有個奇怪的特質，平常的我是個話家，屁話幹話垃圾話無限連發，簡直是個沒邏輯的北七無腦人，但碰到狀況時，我相信事出必有因，所以我會不斷的追根究柢、抽絲剝繭，試著跳脫當下情況，用一個局外人的角度，以比較系統性的方式去分析問題原由。

說真的，這過程有時候會很痛苦，因為要一直去反思，甚至挖掘到一些過去不好的回憶。我大可以逃避，但是逃避只會讓我心理狀態一直卡關，我就是不喜歡這種卡住的感覺，會讓我想要正面迎敵，只要讓我發現敵人，我就會毫不畏懼地跟心魔宣戰，好像有一種闖關打怪的爽快感。

但我沒有要比較什麼輸贏，只是想要更加地認識自己，知道自己為何而來，那麼，我才能比較清楚知道自己要去何方。

調整心態正確，又走在對的道路上，我相信，那個人就會在前方。

鳳梨公主，哇底家喔！（揮手）

第 4 篇

旺來ㄟ奇妙家庭

曾經，我非常不能諒解自己的父母，也絕口不提自己的家庭，總覺得那是自己的黑暗面，家醜不得外揚；而如今，隨著年齡慢慢增長，開闊自己的眼界，當我愈來愈喜歡自己的時候，會發現是過去那些點點滴滴，才造就了現在的我。不管當時是好是壞，終究會隨著時間發酵，變成人生的養分。如果喜歡現在的自己，那就要去感恩那些曾經。

你好嗎？我很想你

「老闆，我要一碗大的乾麵。」

「你是錢伯的孫子吧？」

「嘿啊，哩那欸災？」

「真想念你阿公，他在世的時候對我爸媽很好，這顆滷蛋送你啦，鳳梨要好好種，不要輸給他。」

我是一個跟阿公不太熟的鳳梨農。十歲離開鄉下，依他所願到都市唸書，學歷越高，身體還有心裡的距離也跟他越來越遠，我二十一歲時他過世，而我在二十五歲回到鄉下，卻發現他好像沒有消失過，而且，以一種我完全意外的樣貌繼續存在。

大家都叫他錢伯，因為他的阿公、我的太祖很有趣。當年太祖很窮，想到把自己的兒子、也就是錢伯的阿爸，取名「乞食」，希望藉此得到老天爺疼惜，古代人取名的邏輯都是如此。但人算不如天算，太祖一語成讖，乞食窮到脫褲還得靠街坊鄰居救濟照顧。不過他也不是省油的燈，為了翻轉下輩子，不重蹈上一輩人的覆轍，生兒子後取了個霸氣十足的單名「錢」，想說這孩子將來一定大富大貴。但是，人生最靠杯也最關鍵的，就是這個模門特，沒念過書的乞食忘了自己姓「楊」，而楊的台語發音跟「融化」一模一樣——有錢又如何？全部融光光，結果開啟了錢伯的辛苦人生。

說起錢伯，我跟他真的不太熟，甚至有點討厭，他就是那種傳統農業社會的大男人，Made In Japan，嚴肅沒有笑容，加上工作要看天吃飯，以及面對看人嘴臉的失衡產銷結構，他老是眉頭深鎖，鑰匙不知丟去哪個角落。身為長孫的我，沒機會跟他同桌吃飯，都自己添飯扒菜再到另一個飯桌。我也從沒見過他掃地、洗碗、晾衣……總之，他在家好像就是吃飯洗澡看民視然後睡覺，而且還會逼迫正在看卡通的我去劈柴燒熱水，剝奪屁孩的小確幸。每次灌籃高手看到一半，就得把電視讓給他看台語新聞，可惡至極。

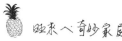

我對他實在沒啥好感，也不知道他有沒有看我順眼。但有件事倒是挺順他的意，就是考上台南一中後，順利翻牆到隔壁的成功大學。但他不知道臉上是被塗了水泥還是顏面神經失調，也不會笑一下，只丟下一句：「認真唸書！像我們務農沒路用，被人看不起，能唸就繼續唸。」

十歲搬去市區住之後，他就脫離我的生活。「沒事就不用回來，好好唸書」，所以我每年要領紅包的時候，才因為「有事」回去一下，雖然市區跟關廟的距離，也不過區區十五公里。喔對了，他也不屑年夜飯這玩意，可能對他來說太娘了。

直到十年後某天，中午窩在台北宿舍看著熱血海賊王搭配便當時，電話響起了「楊錢之子」的來電。

「跟你說一件事，你要先有心理準備。」

「蝦毀啦，共啊！」

「聽好，阿公過世了。」

「蛤？」

「阿公過世了。」

「騙笑耶，今天愚人節以為我不知道。」

我心想，哇靠，你這傢伙真敢，竟敢拿自己老爸的生命來當愚人節玩笑。直到他用了難得認真的語氣跟我說明，我才勉強接受這個愚人節「驚喜」——海賊王的熱血頓時被淋了一桶大冰水，魯夫的三檔瞬間變空檔。

說來好笑，這個在我腦海中只有嚴肅的大男人，竟然選擇在愚人節過世，用自己的生命開了天大的玩笑，或許他才是真正幽默的人吧。如果你還沒搞懂老天爺開的玩笑，表示還沒認清人生的幽默。

我哭了一場，淚水兇猛如洪水，可惜那時室友不在，不然就跟他們說拎北失戀，還不快去買啤酒來孝敬老子。宣洩完畢後，情緒有點悶悶的，但心裡其實真的沒有那麼難過，那場淚水，比較像第一次碰到親人過世，應該要痛哭一下，尤其阿公看的民視都這樣灑狗血，人生SOP手冊也有寫。別說我無情，畢竟我真的對他沒啥感情，要不然，就是無情的台北市帶壞我這個純樸的農村男孩。

這個在我生命中微不足道的男人，就此消失在我的生活中，沒差，反正他本來就沒啥存在感。聽說長孫可以分到一份遺產，但他的錢已隨著姓氏融化光光被火化，只留下一片曾經養活我們楊家人，如今已長滿荒煙蔓草的鳳梨田。

若干年後，大概因為山難摔下山，腦袋不對勁，我竟然決定回到那片既陌生又熟悉的土地，以為一切將從零開始，沒想到似乎是命中注定，錢伯早已打理好一切等我回去。曾經的微不足道，如今卻扮演舉足輕重的角色，他早已將最珍貴的遺產，深埋在那片土地。

若不是因為返鄉，我大概一輩子都不會思考家裡怎麼有這塊土地，我生來它就在那，是如此理直氣壯的存在。

阿公，當然也繼承楊家的好傳統，不至於窮到脫褲，但要買塊土地，也差不多是癡人說夢。早期的他是個佃農，幫鄉里的地主種鳳梨，種著種著，憑著自己的努力跟與人和善，倒也在關廟鳳梨界闖出了一點名聲。剛回去的時候，我都是打著他的名號在外招搖撞騙跟老人家互動。

沒有土地，就像沒有自己的根，對農民來說總是少了點安全感。好不容易摸清楚土地的特性，萬一地主要收回去，又得花時間找土地，另外培養感情。於是錢伯興起買土地的念頭，但手邊也沒有什麼錢。還好他頗得地主的緣，讓他用一半錢一半鳳梨，取得了那塊土地。

但是沒錢，也就沒什麼選擇的條件，阿公那時候買到的土地，是在村子的邊陲地帶，偏遠不打緊，重點是地勢相對低窪，又緊鄰一條小溪，沒有產業道路。我看過早期的照片，阿公得自己搭竹子橋，跨過小溪，才能到田裡。溪旁的土地最惹人嫌，因為關廟地區的土質比較沙，颱風一個大雨就不知道會沖刷掉多少土地，大水又會漫進田裡。而且因為地勢低窪，上頭的水也會流經田裡匯入小溪。總之對農人來說，腦袋有洞才會買那塊地；但對沒錢的阿公來說，先有一塊土地，拼點錢再說。

講到那塊土地，村裡的老人家都說：「只有你阿公有辦法。」

緊鄰溪邊的土地，第一當然是要保護土壤，不要被溪水沖刷。我不知道阿公哪來的能耐，竟然在田邊建了一個將近長五百公尺，高五公尺的擋土牆，把臨溪的土地整個緊緊包圍，直接隔絕溪水，甚至還弄了一個蓄水池，以便乾旱時勉強有水可用。而從北方灌下來的雨水，他則挖溝渠引導至水井，然後在水井裡用直徑可以讓人爬進去玩耍的水泥涵管，埋在土裡約五十公尺長，將水穿過擋土牆引流到小溪。而早期跨過小溪到田裡的竹子橋，因為常被颱風的大雨沖毀，後來雖然蓋了水泥橋，卻可能因為工法不成熟，或是沒錢打鋼筋的關係，又被洪水沖斷。直到第三次重建，才有現在屹立不搖的樣貌。

我想阿公大概把畢生的積蓄，都砸在這些硬邦邦的水泥上了。身為一個農民，若沒有辦法保護自己的土地，還能算什麼。我一直都覺得那些田裡的水泥，就好像阿公一樣，用厚實的身體，去抵抗兇猛的洪水，儘管不善表達情感，卻始終盡責地捍衛我們楊家。

有人說，一塊土地的水文，就是一塊土地的個性。你若想種田，就得先摸清楚這片土地的水怎麼走。我以為他什麼都沒有留給我，但他卻把這片沒人要的土地治理得服服貼貼，即便荒廢將近十年，阿公的水泥依舊屹立不搖。我不用煩惱水會怎麼走，鳳梨該種什麼方向，最難的部分，阿公都已經幫我處理好了。

阿公就是我的大禹，阿公就是我的八田與一。

而跟老人家互動的過程中，一開始也讓我很疑惑，他們都說阿公人很好，待人很和善。讓我懷疑我們說的是不是同一個人，為什麼在我心中那個兇巴巴的老人，在外頭卻是人見人愛的萬人迷。甚至我爸結婚的時候，他居然可以在一個鳥不拉嘰的鄉下地方，請兩個總舖師，辦了整整一百桌。

後來我才慢慢發覺，他就是那種典型時代下的產物，接受日本教育的長子，要扛起家計跟保護一塊土地。這個家，對他來說無法紓壓，永遠都是錢錢錢，所以臉上的表情總是很嚴肅，因為他必須藉著嚴肅去維持家裡的地位跟權威性；但到了外頭，他卻可以展現其溫柔。若沒有返鄉，我不可能知道他會送餅、送包子到地方的老人會。若地方有弱勢的家庭，他也會主動買米或是生活用品去補給。甚至村里的馬路壞掉時，他也會自費買砂石瀝青去修理，別人問起，他卻說自己是鄉公所派來的人。當別人說哪邊哪邊的路也壞了，阿公就默默答應再找時間去修補。

為什麼，等到你死後，我才知道你竟是那樣的人。

為什麼，我沒能在你生前，多瞭解一點你的故事。

為什麼，連一張我跟你兩人的合照，都不曾拍過。

為什麼，我會如此想你。

整死了鳳梨阿嬷

「那欸安捏，前幾天不是還好好的？」

又來了，來自遠的要命王國的親戚，大概可以被列為全宇宙最令人討厭的生物之一。我勉強擠出一點客套的笑容，心裡想著你哪位，好像是阿嬷的妹妹的老公的姊姊之類的，有時會跟阿嬷一起洗破布子，或是在筍子大出時做伙剝殼，算是鄉下老人家的日常；但我真的不知道怎麼稱呼這位親戚。突然覺得外國人挺好的，可以通稱Uncle或是Aunt。然後我看到她手上提的那盒不知道是雞精還是燕窩，心裡想著：是要我倒進阿嬷的點滴裡嗎？

大概是我易碎玻璃心，他那句無心卻又發自內心的關心，聽起來有些刺耳。我怎麼會知道，當我是老天爺嗎？現在是覺得我們平常沒有好好照顧阿嬷，還是說她沒有關心自己的身體？人家不吃鹹酥雞，不菸不酒沒檳榔，早睡早起走路運動，吃飽飯一定剔牙，八十二歲還會去洗牙，煮飯洗衣掃地樣樣行，每天固定清晨五點拜祖先，只差沒幫我搬鳳梨。根本可以頒發全國優良阿嬷的匾額，給她這位傑出又獨立的老人家了。

前幾天不是還好好的？沒錯，世事難料，我幾分鐘還沒碰到妳之前，心情也是好好的。第一回合結束，接著第二波攻勢：「如果當初有早點去做檢查……」來了來了，千金難買早知道幹話王從遠方跑來了。

早知道會被退學，我當初就不念大學了；早知道鳳梨要種十八個月，我當初就不種了；早知道會被打槍，當初就不跟她告白了；早知道人生這麼辛苦，當初就不要在好幾億的精蟲中衝第一名；早知道你要來，我就先落跑了。

關於健康檢查這件事，對於老人家與家人來說是很兩難的。我當然知道錢花下去，可以把身體切成好幾百份去做電腦斷層掃描，然後呢？七八十歲的人，身體難免都會有些狀況，要是有個萬一，要不要處理都會很掙扎。對阿嬤來說，無憂無慮的日子突然有了疙瘩；身為晚輩的我們，內心更是煎熬。要處理的話，馬上面臨人力時間金錢的問題；不醫的話，內心是否會有個不孝的陰影，之後可能留下很大的遺憾，還得面對街坊鄰居的閒言閒語。如果是五十幾歲的人，人生路還有得走，以現在的醫學，的確能早點發現早點治療；但對於人生已經快到站的老人家，就讓她心裡自在舒服點吧。有時候，無知也是蠻幸福的，更何況，我知道阿嬤才不想跑醫院。

謝謝您的好意，健檢的資訊，在一樓的服務台都可以領取，祝您有個幾霸昏的好身體。

「要加油喔！不要放棄！」

離開前，Aunt 說了這句鼓勵的話，我知道她是出於好意，真心希望阿嬤可以康復，探病的SOP話術大概如此。畢竟真的不知道該說些什麼，而我們通常又過於害怕沉默。我也曾經想跟阿嬤說聲加油妳會好起來，就像我們在看電影或是八點檔演的那樣，不管是要灑狗血的矯情或是傳遞正向的生命力。但看戲容易，當自己成為主角時，卻不是那麼簡單；話到嘴邊，說不出口就是說不出口，只能站在她的床邊面無表情看著，彷彿世界一度靜止，只剩下她胸口微弱的起伏。直到她很吃力地出現似乎吸不到氣的呼吸，才把我拉回現實。我很希望她可以好起來，回到過往的嘻笑打鬧，也好想跟她說一聲加油；但我無語。

因為她已經那麼努力，而且，而且她的油箱已經沒有油了。

如果我是阿嬤，心裡可能會很幹：「拎祖嬤已經辛苦一輩子，現在這個節骨眼還要加油啥。」不能看民視，不能聽電台唱台語歌賣藥，不能下午在後面的庭院曬太陽跟好姐妹聊街坊八卦，不能每天準時去佛堂燒香拜拜，不能再去燙一頭捲捲的髮，對她來說人生大概也沒啥意思了。我也不只一次問過她會不會怕死，她就老神在在拿著選舉候選人發的塑膠扇子搧阿搧，淡淡地說：「啊是有人不會死逆？要死就趕快死一死，不要在那邊拖，都吃到這個歲數了，有什麼好怕？來去看你阿公有沒有娶細姨。」這就是我阿嬤的人生觀，一生無所求，身邊的人平安健康，自己不要造成別人負擔，如此而已。不用再加油，也不用堅持什麼，她的一生已經夠努力了。

坐在病床邊看著雞精，我噗嗤一笑，打開一瓶呼嚕呼嚕喝下去。阿嬤總是會把最好的留給孫子，就像小時候拜拜完總是有雞腿吃，還以為她都愛吃雞腳；想起平日跟她的互動，趁著四下無人，朝她耳朵吹了一口氣，期待她會像平常一樣把頭甩一甩，然後罵我一聲靠腰，我再把手指插進她很寶貝的QQ頭毛，像是炒米粉那樣翻炒，她會很不爽地說頭髮有油垢，然後舉起右手讓腋下的蝴蝶飛舞，作勢要打我，高高舉起輕輕放下，往我的後腦勺拍一下說「哩厚！講袂聽！」

但回應我的，只有她氣若游絲的呼吸聲，我知道再也聽不到她可愛的靠腰跟感覺到她掌心的溫度，好險，我存放了不少在心裡。見她沒有動靜，我不死心，在耳邊大聲播了她平日很愛哼唱的台語名曲《愛情一陣風》，我也跟著陳百潭唱了一段。突然，好像感受到她指尖微微的顫動，可能是嫌音樂太大聲吵到她睡覺。雖然我們之間無法言語，但我想讓她很扎扎實實地感受到：不管是生前或是臨終，都有我這白目孫的陪伴——妳會一直在我心中。

看著即將走入生命尾聲的她，不知道現在她的腦袋想著什麼，她的人生，還有沒有什麼夢想或是遺憾呢？

記得有一次，她突然把我叫到身邊，偷偷在我耳邊悄悄話，彷佛要跟我說一個什麼天大的秘密，「如果有不錯的對象，就給她娶一娶。」，所以我想，如果阿嬤這輩子有什麼遺憾，一定是沒看到我娶個水某，生個小胖娃，畢竟我是長孫。

看著病床上的阿嬤，她已經認不太得人，對於時間、空間感也模糊，這應該是最好的時機吧，於是，嘿嘿嘿，我聯絡了好朋友。

「能不能請妳幫我一個忙……」

隔天，她帶著小孩出現在阿嬤的床前。

「阿嬤，你當阿祖了耶，這是我的老婆，妳的孫媳婦啦，還有你的曾孫，很可愛齁！」

「齁齁齁，當阿祖金賀啊！」，也是有趣，儘管她已經意識不清楚，但對於自己升級這件事，卻也感到很開心，這大概是每個老人家的夢想吧。

於是，我們在病床前面跟阿嬤說說話，讓她感受一下小孩子，她並沒有多說些什麼，雖然她看著我們，但眼神依舊呆滯、空洞，然後昏睡過去；我只想要在她人生最後的階段，盡我所能，去完成她心中的遺憾，不管用任何方式，我不知道阿嬤在想什麼，但我只想用自己幽默的方式，陪她走完最後一段，如同過往跟她在一起生活。

很感謝我的朋友，願意陪我演出這場鬧劇，圓了一個老人家的夢，小朋友當下雖然不懂，但長大之後，媽媽就會告訴他，他曾經在拿麼小的時候，就有能力去幫助人，完成一個老人家的夢想，這是一堂很棒的生命教育。

隔天早上，醫生說還沒那麼快，大概還要兩三天的時間；下午，阿嬤就在睡夢中離開，離開時，眼角泛出了一滴淚，大概是沒有五代同堂的遺憾吧，我猜，老人家總是對這種事貪得無厭。

我想，她是急著想去天堂找阿公吧，趕著去跟她腦公說

「哈哈哈，你只是個阿公，我已經是阿祖了啦！」

而阿公一如往常的嚴肅跟她說

「頭殼壞去，妳又被妳孫子弄去。」

然後，我彷彿可以感覺到阿嬤出現在我身邊，頂著那頭招牌卷卷米粉頭，露出那招牌的溫暖笑容還有那整齊的牙齒，舉起她的右手，輕輕往我的後腦勺尻下去，再罵了一聲很可愛的

「靠腰！」

難怪我那天睡醒有點落枕。

妳好嗎？我有想妳喔。

靠腰。

百善笑為先

我一直覺得百善，「笑」為先。大家都說我是個孝順的孫子（甩髮），請讓我自首無罪、戳破網路上的夢幻泡泡，看看我其實有多麼不孝。

身為長孫的我，在阿嬤過世後，沒有跪過她，只有去上香一次，也不想披著那張不知道是什麼東西的麻；念誦經文時，我把手機夾在經文裡頭滑，跟美眉聊天；最後、也是最可能被譴責的，就是出殯火化那天，我照原本的行程，跑去呇里島，跟一群辣妹潛水。

雖然沒有直接聽到，但一些批評也難免會傳進耳裡：「只會消費阿嬤，阿嬤死後就不管了。」老人家過世後，很多儀式很多東西要處理，站在阿嬤的靈堂裡，我突然覺得自己是個局外人。看著長輩跟葬儀社的人忙東忙西，進行一場以「孝順」為名的典禮，而主角早已跟老公神遊去了。不知道為什麼，我的嘴角竟不自覺上揚，默默看著這場以愛為名的本土劇。

靈堂裡，葬儀社說擺鳳梨不好，不吉利會旺。

拜託，這是你阿嬤還是我阿嬤（丟鳳梨）！她可是「頂港有名聲、下港尚出名」鳳梨會社的吉祥物耶！連柯文哲跟賴清德都曾經拜倒在她迷人的鳳梨裙擺下，她這輩子種的鳳梨比你吃過的米還多。而且她老公是關廟鳳梨王，孫子則是鳳梨王子我本人，結果她的靈堂居然不能出現鳳梨？天啊，她遺照上的帽子衣服包包跟背景明明都是鳳梨。

天公伯啊，天理何在！

念經的和尚來到靈堂，進行著所謂的祈福儀式，好讓死者去西方極樂世界。我的頭跟著木魚的節奏咚咚咚一直點頭如搗蒜，加上平淡無奇的經文，簡直是催眠。上面每個字我都看得懂，但為什麼組合起來就變成火星文？他說拜，眾人就拜；他說跪，眾人就跪。我心想：你哪位，為什麼我要聽你的？於是我跟老爸很有默契，互看了一眼，杵在原地，看著眾多背影上上下下。熱得要命的中午，披著麻流汗搧風，要我戴孝，我只覺得可笑。問起為什麼要披這個，嗯，傳統跟禮俗，沒人能回答我，雖然我可以google。念經時，更是覺得莫名其妙，因為我阿嬤是個從來不念經的人，頂多我嚇她的時候，她會罵我一聲阿咪頭猴。放點常聽的地下電台，說不定她還比較開心點。

至於出殯那天，我本來想取消既定的出國行程，但我爸說：「如果送她出殯她會活過來，你就留下；最後這幾年你們有那麼多回憶，她離開的時候你也有在身邊。出殯來不來，我是覺得沒啥意義。」聽完我真的想大喊一聲：「感恩老爸，讚嘆老爸！」

阿公離開時，我做著那些所謂「孝順」的儀式，又跪又拜，跟那些我從來沒見過面的地方人士政治人物鞠躬致謝，只覺得自己有點虛偽。後來慢慢能諒解，當時我必須要做給阿嬤看，因為我在意她，而她在意那些過程。如今，阿公跟阿嬤都不在了，我不想被那些不知所云的傳統綁架。我不在意被人說不孝，因為心裡有很多跟阿嬤的開懷大笑。

但我並非不在乎他人的感受，我只在乎我所在乎的人。什麼八面玲瓏以和為貴，不好意思我沒有當聖人的天份，我的價值觀告訴我，不可能滿足所有的人，太累了，人生苦短，何必？那些來自遠的要命王國的親戚，只是很剛好有點血緣關係，僅止於此；並不表示身為晚輩的我就要敬老尊賢、照單全收、接受指導棋。不是我不敬，前提是要值得。

但我也知道，那些傳統是必須的。

上一代的人，背負更大的生活壓力，有可能飯吃不飽，賺錢都來不及了，哪來的時間去學習愛？來自家庭的包袱、童年的創傷、人際互動、親子關係、自我追求……

各種不同的心理壓力，全因為現實可以吞忍下來。然而，內心的傷害並不會隨著時間或是生者離開而消失，所有的情緒都被壓抑下來，久而久之，不知道怎麼愛，而必須藉由那些儀式跟器具，代表我們對往生者的愛，也滿足其他人認知的愛。因此別人口中的勇敢跟堅強，包裝的是長期被壓抑麻木的心。

於是，就開啟了一場以愛為名的道德綁架——應該要怎樣怎樣，應該要那樣那樣，為什麼不這樣這樣，這樣不可以那樣也不行。告別，成了一件勞心勞力、傷財傷本的苦差事。一個人的離開，把家族的人聚在一起；但我們的心，卻內耗在這些外在的形式上，好累。

我一位好友的爸爸，好好先生來著，因為人好，希望可以滿足所有人的要求，加上又是大家族，辦喪事的時候，比戰鬥陀螺還要戰鬥。然後呢？然後他就中風了。我也看過膝蓋不好的長輩，為了那些所謂的跪拜，甚至得戴上護膝，在地板鋪上厚毛巾，在別人的攙扶下，成為別人眼裡孝順的晚輩。我也曾經一早被殺豬般的哭聲吵醒，領了錢的孝女很盡責地工作大哭，透過喇叭的放送，讓整個村莊的人都知道家族對於長輩離開有多麼不捨，然後發薪水的人站在一旁抽菸。這是個高度分工的社會，哭不出來，都有人代工。

花惹發?!

我認為心中理想的告別，應該要跟新生一樣，帶著淚水與喜悅，沒有那麼多道德的綁架。一定會不捨對方的離開，但同時也開心我們有那些回憶，不枉此生。

某日，我送貨到Amy 姐家，她是我的VVIP超級大客戶，是個白手起家的傳產企業家，每年都會跟我訂三百顆以上的鳳梨，送員工跟親朋好友，而且，從來不殺價，甚至，如果被發現我算她便宜，她還會唸我幾句。我很喜歡自己送貨到她家，除了可以看看豪宅跟法拉利之外，也可以趁機跟她聊聊我經營上碰到的一些問題，對我來說，她不只是一個客戶，更像是一個很溫暖的大姊姊，不會吝嗇跟我分享她的故事。她的家非常溫馨，有一面好大的書牆，而牆壁上掛的不是什麼世界名畫，就是自己小孩的創作，儘管有錢，在她身上我看不到任何傲氣，反而是更多的溫柔跟俏皮，她常常都是打著赤腳咚咚咚從家裡出來迎接我，臉上永遠掛著笑容。

我很喜歡跟身邊這些比我厲害的高手們聊天，他們見過的世面，看過的風景，經歷過的人情世故比我豐富多了，我這輩子永遠都無法達到那樣的高度，但至少，可以多少去吸取人家的智慧與經驗。

權力、聲望、金錢，她樣樣都不缺，但她對於這一切倒是看得挺淡，這樣跟我分享對於死亡的看法。

她告訴我，自己後事的安排很簡單，不要有太多的鋪張，火化後，把骨灰帶回她的故鄉基隆，她很喜歡八斗子的海邊，把她的骨灰撒到那片美麗的海洋，以後，如果思念她，就到海港吃吃海產，看看海，想想她現在就徜徉在自己最愛的深藍，而她也這樣告訴自己的小孩，上一代有他們的文化要去尊重，但現在，長輩都離開了，請用她自己喜歡的方式跟大家告別。

回台南後，我取出一些阿嬤的骨灰，回到那片從她開始的鳳梨田，將她灑落在田邊最美麗的玉蘭花樹下，因為她的名字有個玉字，沒有跪拜，感受大樹的紋路跟溫度，在心裡跟她說一點話。起了點微風，我猜那是來自她的溫柔。想她的時候，就看看那顆大樹，雖然她不在了，卻也一直都在，而且還繼續茁壯著，開花結果抽新芽，新生。

雖然我很不孝，但她在我心中，永遠都那樣燦笑，美麗就像那朵玉蘭花。

放心我很好

阿嬤過世後，我常失神提不起勁，有點恍惚，東西拿在手上不自覺就掉了，走上樓被下樓的人嚇到，騎車忘記要去哪就一直往前騎（但沒有闖紅燈啦），吃東西覺得少了點味道，跟朋友講到一半會突然發呆放空，不敢去看臉書上對阿嬤過世的留言……整個人都昏昏沉沉。

說來奇怪，跟阿公感情沒那麼深，他過世時我卻大哭；而跟我那麼好的阿嬤突然離開，我反而異常淡定，只有默默流了幾滴淚。我告訴自己，這些年跟她有那麼多回憶，就是為了在這天不要有什麼遺憾，希望可以笑著送她離開。為什麼親人過世就一定要傷心欲絕、充滿遺憾跟早知道呢？

阿嬤過世，情緒來得非常淡，淡到只像是一件生活的日常瑣事，我們都知道會有這麼一天。但她卻又留下了一個小小的舍利子，輕輕扎在心房卡在心室，平常感受不到；但一個人靜下來時，就有著巨大的存在。

我一直卡在「不是應該要大哭一場嗎」的疑惑中。我明明是個很性感又感性的人，為什麼自己親人過世，卻那麼沒有情感？一定是因為我們有這麼多獨特的回憶，因為我知道人終究會離開，所以從很早以前就有心理準備。生老病死是人生必經的過程，我們要好好珍惜身邊的人，活在當下。

但那就是自以為而已。

我還是會笑，但常常笑著笑著會突然乾掉；不是不能像以前一樣在臉書上說些屁話娛樂鄉親，但心裡會覺得好像良心過意不去。特別是一個人的時候，很容易陷入巨大的失落，就像陷入一團巨大的棉花，使盡搬鳳梨的力氣也站不起來。或許我該去做心理諮商，但提不起勁。

全世界都知道我的狀況不是很好，但我還是很努力地笑著，維持我在眾人面前那個陽光的形象：「放心，我很好，這幾年跟阿嬤有很多有趣的互動，就是希望她走的這天，不要留下什麼遺憾。」愈多的關心，只讓我愈痛心。

會不會是因為沒有送阿嬤最後一程，心中有所缺憾呢？

從阿嬤住院到她入棺，我一直都在身邊。只是，她的離開跟愛情一樣又快又突然，我一個多月前排好的峇里島行程，剛好跟她出殯那天強碰，而且機票飯店行程都訂好了。雖然我們家一直都不是很傳統的家庭，但阿嬤出殯畢竟是家族大事，我又是長孫，心裡想說還是得留下來。結果我爸那個不孝子居然說：「你留下來，她會活過來逆？活著逗她笑，勝過死後在那邊唸經啦。」這也太有道理了，於是我照既定行程出國散心。但回國後，心理的狀態依舊失神。

不知是不是沒有跟阿嬤做一個好好的告別，於是找了一天去靈骨塔拜拜她跟阿公，再到鳳梨田邊埋葬她骨灰的樹下，想跟她說說話。前一晚，我想了好多要跟她說的話；但到了現場，我一句都說不出來，並不是因為傷心難過，而是心境又變成人都離開了，是要說什麼。

我的狀態很糟，很糟，不知道該怎麼辦。

然後一個從沒見過的女臉友，來自打狗的廖女士，不知是仙姑掐指一算還是怎樣，感覺到我的不對勁，逼我去看心理諮商，否則要烙人把我押過去。廖女士的媽媽還特地打電話關心我，只因她平常很愛看我跟阿嬤的互動，而她正好剛經歷過家人過世，所以能感覺我當下的狀態一定非常不好。我完全不認識這對陌生的港都母女，她們意外給了我莫大的溫暖。

我決定去看心理諮商，尤其怕廖姓女流氓說到做到親自把我押去，一方面我怕壞人，一方面本來就有此打算，剛好被她踹了一腳。人生第一次要去心理諮商，難免有點不安，怕被別人覺得我心理不正常。好險身邊有心理相關的友人推薦了幾間診所，讓我比較放心。儘管如此，我還是很猶豫要不要進去，畢竟我楊某在外形象正向積極，太陽能板放我旁邊都能發電了，如今卻得去心理治療，怎麼會這樣？當下其實有點想落跑，但早已跟心理師約定好，再想到女流氓森七七的模樣……深呼吸，走吧。

諮商的小房間，好像有種神秘的力量與異常的磁場，不管外頭怎樣，那裡都是個能讓我靜下心的溫暖空間。沒有什麼華麗的裝潢擺飾，簡單舒服，再加上心理師耐心的傾聽，根據他的專業跟累積的案例，既溫柔又堅定的給予我肯定，專業又有人性的語氣聲入我心，讓我很快就對一個陌生人敞開心胸，把這陣子所發生的大小事都跟她傾訴。

我要先感謝自己，感謝自己願意那麼誠實地面對自己的脆弱，對陌生人分享自己內心的深處；人的一生，本來就會有很多不同的情緒，而情緒本身沒有好或不好，只是我們當下的狀態。網路時代，我們看到太多正向積極鼓勵人心的故事，加上沒有人想呈現出負面的樣子，所以常常會陷入失控的正向思考。我們接觸到的，都是美好的樣子；當反觀自己好像不怎麼樣時，便很容易陷入困惑。

我一定要先接受自己的樣子。當很親近的人突然過世，我所有的行為舉止，都是身為一個有感情的人很正常的表現。如同突然嚥下食物，總是需要一點時間分解消化。我也要花時間把情緒慢慢宣洩出去，就像壓力鍋需要慢慢釋放蒸汽，否則瞬間打開，會爆炸。而我平常太獨立、不想被擔心的個性，這時反而把閥門給堵住。加上自

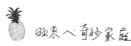

己的公眾形象是那麼搞笑歡樂，我很努力地扮演好在眾人面前那個受歡迎的角色，殊不知愈努力，就愈無力。

「如果讓你的朋友跟臉書鄉親，知道狀況其實沒那麼好，他們會因此就這樣離開、不支持你嗎？」心理師這樣問。

登愣！這句話像是我心靈的綠油精，頭頂的燈泡突然亮了起來。一直以來大家喜歡我，就是因為我的真實不做作。那為什麼如今我要刻意去掩飾自己呢？生老病死，是每個人的必經之路，若是抱著分享的出發點，說不定還會得到對方的迴響共鳴。既然我可以跟大家分享喜悅、努力、成功、開心，那為什麼，不能分享我的難過或是傷心呢？真誠，就是我最大的武器。

觀念被開導後，開始對所有的關心敞開心胸，從此我改變了我的回答。以前的我會說：「別擔心，我很好。」現在的我則是說：「我沒有那麼好，常會失神……」一五一十把當下的狀況讓對方知道，也讓對方了解之前的我過度壓抑情緒，想維持媒體賦予我的公眾形象。但是現在比較會誠實面對自己，並且跟別人分享。所以請別擔心，雖然我現在沒有很好，但我正在慢慢變好。當我無所畏懼向對方表達自己的狀態，常常也獲得更多人生的經驗跟故事，讓彼此有所成長。我只是掏心掏肺，但人家更對我掏了肝膽腸胃啊。

其中，最讓我感動的，是一名我很尊敬的長輩——李濤。

等一下，我知道你可能不是很喜歡他，但也別急著轉台，先聽聽我跟他的故事啦。

因為採訪關係，跟濤哥有過幾面之緣，後來就有了些私交。那天在濤哥的辦公室，天氣很好，陽光透過藍天上的棉花糖灑進大片落地窗，看著遠方的山跟腳底的樓，很適合來一場Men's Talk。講起阿嬤的事，我毫不掩飾地在他面前哭得唏哩嘩啦；沒想到他最近也才剛去美國處理他父親的後事，然後去看了心理諮商，所以我們特別有共鳴。我忘了他有沒有哭，儘管他節目上咄咄逼人，但私底下的他，卻是個很感性的大男孩。

「不用看什麼時辰，往生就趕快送去火化，也不用辦什麼告別式追思會浪費大家時間，一切用最快的方式去處理。想念的話，三五好友自己聚一聚，開瓶好酒沏壺好茶，聊聊生前的大小事，稱讚可以，吐槽也無所謂，要哭的話面紙自備，反正人都不在了要講什麼都可以，重點是大家要開心，這樣就好。」那天，濤哥是這麼跟我說的。他會在遙遠的一方祝福大家，沏上一壺好茶，跟已經先到的朋友閒話家常，生前所有的權勢名利以及聲望，到那個時候並非沒有滋味，就像那杯茶，淡淡的，微微回甘。

對我來說，他算是個大人物，特別跟政治扯上邊的，都會很講究排場；沒想到，他如此豁達地看待生離死別。我想，大概是他這輩子看過的人事物、經歷的風風雨雨太多了，所以看開了，看淡了，也看透了。

「你怎麼抒發父親過世、胸口的那股悶氣呢？」我好奇。

「書寫，好好寫，把講不出來的話寫出來。再找一個可以懷念的地方，一字一句把情緒講出來。最後，把那張紙燒掉。這個過程，會很傷心，會哭，會難過，但也很療癒。」

這是他跟我分享的方法，也是心理師跟他分享的方法，我的心理師沒有教我這招，我覺得這招很不錯，可能是他的心理師比較貴，所以招數必須比較有效，果然一分錢一分貨，哈哈。我想，只要是人，都會有情緒，在生老病死面前，我們都一樣脆弱，也一樣要去面對。東方思維跟傳統教育，讓我們太習慣壓抑情緒；特別是男生，從小就被教導不要哭、要勇敢、要理性。結果久而久之，我們反而不知道該怎麼樣面對自己的心靈。身體有病，我們都知道要去看醫生；那我們的心，難道不會受傷嗎？

回家後，我把對阿嬤的思念化為風中的餘燼，在那棵大樹下落了幾滴眼淚。

然後，才有勇氣寫下你們看到的這篇故事。

如果，你深愛著家人

沒想到，阿嬤過世一年後，寄了兩本很薄很薄，但是卻意義很厚重的書給我跟老北，一人一份「預立安寧緩和醫療暨維生醫療抉擇意願書」，呼～～怎麼有點像繞口令。

阿嬤住院沒幾天，奇美的醫生建議我們轉安寧病房，白話就是「大勢已去」。但畢竟上個禮拜阿嬤還開開心心跟大家喇低賽，怎麼隔沒幾天，你就跟我說她要嗚呼哀哉，相信不論是誰大概一下子都不太能接受。於是，她就繼續躺在一般病房，吊著點滴吸著氧氣，做一些我也不知道是什麼玩意的檢查，意識不清，看到我帥氣的臉龐叫德華，兩眼無神，問自己在哪，口氣虛弱說要拜拜燒香。

反正，阿嬤也搞不清楚狀況了，我就在病床前問了她兒子也就是我老爸：「萬一阿嬤如果病危，你們要怎麼處理？」

「不知道，大家還沒有討論。」

「我覺得齁，你們最好是趕快討論一下，不然，阿嬤突然病危，要不要急救、氣切、還是插管，顧的那個人會很痛苦。」

「我知道，但是大家Line都好像要回不回。」

「這種事，哪有在用Line討論的，當面談才有效率。而且你是大哥，難道要期待其他人主動提這話題？」

在我們家裡，生死的議題從來不是什麼忌諱，我跟我爸都能很輕鬆自在地討論生老病死的話題。阿嬤病倒後，我看大家都很擔心也都很忙，姑姑叔叔都很孝順很認真，但好像沒有人敢主動去碰病危的這種關鍵問題。我倒也不是覺得大家是在逃避，只是平常彼此沒有建立一個順暢的互動溝通模式，突然出了個大狀況，好像還真的顯得有點尷尬。畢竟，這是個太困難的決定，決定自己母親的生命，深怕一拋出話題後，出現不同的聲音：「阿不然你現在是要詛咒她死逆！」「會嗎，應該不會那麼快吧。」「你不要在那邊烏鴉嘴。」大概這些會是最常得到的回應。

不是烏鴉，而是鴕鳥，我說的是心態。

從小到大，不管是學校或是家庭，幾乎不曾教導我們關於死亡。生老病死之於生命，就像柴米油鹽醬醋茶之於生活，都是必須，不去面對，甚至視為忌諱的結果，就是陌生與未知，陌生與未知會帶來恐懼，巨大的恐懼凝聚成了一隻大鴕鳥，眼不見為淨，避而不談，就不會有困擾跟糾紛。忽視必然會來臨的死亡，到了緊要關頭一定就是驚慌失措，既然如此，那為什麼不能把死亡列入教育，把它當成茶餘飯後的聊天話題。

難道，有人不會死嗎？既然沒有，那我們在害怕什麼。有沒有可能，我們害怕的，並不是死亡，而是活著，更精準一點來說，好好活著。因為從來沒有好好活著，所以害怕失去，失去那麼寶貴的生命，人生不曾留下什麼精彩回憶，於是更捨不得離去。

面對這樣的難題，好吧，丟給下一代去處理。真的真的，很難。氣要不要切，切下去就是長期照顧，人力跟金錢，家裏能負荷嗎，救活了一個人，搞垮了一群人，這樣好嗎？管要不要插，插了就不能講話，還要灌食吃流質，我又不是吃ㄆㄨㄣ的豬，叫我這愛講話的台南人情何以堪，這還是人的樣子嗎？管子要不要拔，拔了就是GG，內心會不會有陰影，天啊家人死在我的手上。我不知道有什麼選擇，會比決定家人的生死還要艱難。

於是，我的一個姑姑不願意討論，另一個姑姑說都給大哥做決定。

現在的醫療那麼進步，「不要死」並不是一件多麼困難的事，葉克膜醫生叫過來，沒有心臟的人都能繼續呼吸，但是啊，難道追求有價值的人生，不會比追求不要死的人生更有意義嗎？如果有一個奧林匹亞不要死比賽，那台灣應該可以拿下金銀銅。

以前醫療不發達、壽命短，臨終前的折磨也少，所以有了長命百歲的祝福。時代不同了，改成「好命百歲」會不會傳遞了一種更現代、更理想的人生觀。我們看著躺在病床上的阿嬤，想起跟她互動的以往，常把手指插進她捲捲的米粉頭、故意叫她本名、偷偷把錢放進她的錢包、教她比中指跟客人說再見、騙她刮刮樂中獎、帶她去海邊吹風踏浪、幫台南市政府拍宣傳短片、跟美國在台協會的外國人拍影片、無聊往她耳朵吹氣……好多好多有趣，專屬我們的回憶……再對比如今兩頰凹陷，無法行動，意識模糊的她，如此大的反差，這不是我想要的阿嬤，而她，楊翁玉梅本人，我想也更不願意自己躺在病床上，不能拜拜的人生，對她來說一點意思都沒有。

如果，我們無法控制疾病的痛苦，那是否，我們可以自己控制人生的長度。

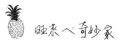

人的一生，很多事情都身不由己，我們常在親情、愛情、友情、工作、社會、自己、體重、收入……之間不斷拉扯，大多數的我們，都很難自由自在地選擇自己的人生，很多選擇，都是出於被迫或是當下的無奈。如果你有這樣的感覺，那就更別說我們的上一代了，他們處在一個相對沒有夢想的年代，每天一睜開眼就是生存，追著錢跑，或是，被錢追著跑，生命的意義就是賺錢。

我的阿嬤，就是一個一輩子都沒有選擇的人，連選擇對象的機會都沒有，她的一生，就是從她家走到我家，短短三十公尺，然後，然後就沒有然後了，自此就成了我阿公的人，冠上了夫姓，成為了我楊家人。從此跟著我阿公種了一輩子的鳳梨，儘管如此，她依舊樂天知命、知足常樂。

如果她這輩子可以有一個選擇，一個唯一的選擇，會讓自己過著無法下午去曬太陽聊天，然後五點準時去拜拜敬佛的人生嗎？某天，她在醫院的夜裡醒來，意識依舊不清，她關心的不是自己在哪或是身體怎樣，而是冒出一句「我想要去拜拜。」，我們當下真的是不知道該哭還是該笑。還是，她會比較想去另一個世界跟阿公相會？我想，該是時候放手了，若她已經漸漸失去一個身為人的基本尊嚴，那就讓她當仙吧。

於是，我們放棄了所有的侵入性治療，我們思考的不是怎麼讓她痛苦地活著，而是舒服地離開，這是我們整個家族大家共同的決定。所有的選擇都是最好的選擇，所有的結果也都會是最好的結果，沒有對錯，只求問心無愧不後悔。

從阿嬤身體不適到正式下線，不到兩個禮拜的時間。在我們台灣，在過世前，平均每個病人還得承受八年的肉體折磨。大家都說阿嬤這樣很好很有福報，這個福報，某種程度上來自於晚輩的放手。當然，我們會傷心也會難過，但沒有人出現那種情緒性的大崩潰，拿到醫院帳單時，甚至還開玩笑說：「阿嬤真不愧勤儉持家，知道自己沒什麼錢，選了一個不會花太多錢的病。」感恩健保，讚嘆健保，她住院兩個禮拜，我去醫院結帳時，竟然才花了幾千塊。

阿嬤過世一年後，我跟老北決定去簽了「預立安寧緩和醫療暨維生醫療抉擇意願書」（呼～～還是好長），自己對自己的生命負責，如果我愛自己的家人，那麼，就不要把那麼艱難的決定，留給他們。

彎刀火燒厝

「要死了，等一下拎老北回來打死你！」

阿公暴怒幹譙完之後，就帶著一身田裡的臭酸走進浴室。忙完一整天農務，大概也沒啥力氣打我，只想快點跟阿嬤洗香香（誤），然後看他的民視；我則是幹了有記憶以來的人生第一件作品，像根電線桿立正站好杵在原地。有沒有驚嚇到漏尿我早已忘記，但內心肯定是發抖挫咧蛋，等著待會老北回家後上菜——竹筍炒小鮮肉絲。

讓我掐指一算，大概是十年前吧，在我仍是個小正太的時候，家裡雖不至於家徒四壁，但每天劈柴燒熱水洗身軀，可算是我的日常。家裡的人都忙工作，弟弟還小，這差事自然落到我身上，阿公會去附近工廠載回一袋袋的廢木料，或是工地不要的板模，有時也砍砍農田附近的龍眼木細枝條，以及藤業工廠處理後所留下的鬚鬚捆成易燃的火種。我楊某人，便在家人的「栽培」之下，培養了人生第一個專長：燒熱水。

從此，洗去家人一天辛勞的重責大任，就落在五歲的我厚實（？）的肩膀上。

我知道你心裡想的，可能是「吃得苦中苦，方為人上人」、「嗚嗚，人家小時候那麼辛苦，我好幸福」、「對啦！小孩子就是要讓他吃苦當吃補……」首先，我得澄清一下：這些外人看來的苦差事，我自己倒是過得挺快樂。辛苦是比較出來的，而我那時候才幾歲，哪知道別人家裡有電熱水器？根本以為每個人家裡都得燒柴。所以啊，無知有時候也是挺幸福的。

或許是人生第一次在家裡擔任要職，可以自主掌控生活，所以我蠻樂在其中的。加上可能命中帶火，阿公阿嬤教我沒幾次，我就能參透其中奧秘，火旺伯都還沒來，就已經燒得劈哩趴啦，比燒王船的火勢還猛。

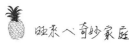

那時我都怎麼生火呢？首先，把易燃的鬚鬚火種放在中間，再用柴刀把廢木料劈成約莫原子筆長寬厚度的小片，交叉堆疊在火種周圍（可說是我小時候的樂高），然後再把報紙捲得細細長長，點火伸進中心，慢慢燃起後，再拿出秘密武器——直徑可以吸起大貢丸的塑膠水管，對它深吸一口氣，用既慢且長的吐氣，把對家人的愛跟氧氣，送進星星之火。然後，我就可以很驕傲地說：「已知用火。」

或許你會問，一個人孤零零在家，會不會空虛寂寞覺得冷？其實不會，其實我並不是一個人，身旁有很多大姊姊陪伴，而且還是金髮洋妞比基尼辣妹。有時姊姊會對我特別好，給我一點Special的服務。嘿嘿嘿，不要以為我的腦袋燒壞了，讓我娓娓道來。

我說的那些大姊姊，就是打火機上、穿著泳裝擺出性感姿勢的「歪果忍」。不知是哪個精蟲衝腦的天兵，幻想著三點式底下的風光，竟然學起賭神的搓牌神技，我搓我搓我搓搓搓，果然皇天不負苦心人，竟然感動上蒼，讓少女峰上兩片薄薄的布料神蹟般被褪了下來。不懂科學的我，雖然不知道這是什麼妖術，但那絕對是歷史上對人類心靈最有貢獻的發明之一，不知道多少鄉下正太的健康教育，就是從那些打火機姊姊開始的。最吊人胃口的，是姊姊的小褲褲有時可以被我們的熱情融化，有時卻又穿得很緊，我們搓到指甲都快噴出去了，甚至用打火機燒毀，神秘三角洲依舊神秘。只能說打火機廠商真的很懂人性，心機用盡，讓我從小就體會到「人生就像美女打火機，有些全裸，有些半裸，你永遠也猜不透。」

除了跟姊姊玩耍之外，身為一個已知用火的死小孩，可說是人生中第一次有那麼多自主權，當然會不安分地試試燃燒各種東西。比方說：保麗龍一燒就會不見、塑膠燒起來有彩虹的顏色、玻璃瓶燒了會爆炸、菜刀燒了會害羞變紅、蟑螂燒了不會叫、可樂果也可以當火種、頭髮燒起來很臭、不是把蕃薯丟進去燒就有烤蕃薯、考不到九十分的考卷也必須燒……喔對了，如果跟弟弟吵完架，他的玩具也可以拿來燒（誤）。

而這份好奇心，讓我探索了許多新世界，卻也差點燒毀我的世界。

代誌是這樣發生的：那天我一如往常劈柴生火燒熱水，身旁也有辣妹相陪。由於那天的卡通是機器人要拯救世界的完結篇，我特別把灶裡的廢柴塞好塞滿，這樣就不用在廣告時間跑回去添薪柴，可以專心一起幫地球集氣。當機器人爆氣犧牲小我，保護這個美麗的星球後，我彷彿也參與了這場經典戰役，內心的小宇宙因此熱血沸騰跟著一起燃燒。但是回到工作崗位後……

后里蟹！我家也燒起來惹！！！

在我眼前就是一片火光。不知怎麼搞的，灶旁的雜物全燒起來，但家裡根本沒有人啊，難不成是打火機上的姊姊修煉成精，發現我常偷看她性感的肉體，一氣之下放火燒了我家？

首先燃燒的應該是金紙，順著窗戶進來的風胡亂飛舞，然後不知道是哪尊神明，不小心把燒給他的紙錢掉到旁邊露出棉絮的沙發上。火勢一發不可收拾，連沙發旁的木櫃也加入戰局，畢竟火苗就像個辣妹，人見人愛，橫刀奪愛才是愛，總之大夥平常各過各的，如今卻大團結慷慨激昂起來，一切都是因為打火機上的少女。

我慌張地想把阿嬤平常儲水的大水桶拖過來，無奈那時才五歲，只能先用小水瓢折返跑，一瓢一瓢把水往火堆裡送，等水變少一點，才使出洪荒之力把大水桶拖到火源旁邊，一鼓作氣嘩啦啦把水灌進去。但——火還是熄不了，怎麼辦？啊啊啊，好險平常有被水管打過，所以知道被我藏在哪，平常殺人的武器如今卻成了救命的工具。

我把一端接上水龍頭，另一端用食指跟拇指壓緊出水口，用不怎麼強力的水柱，消滅最後餘燼。

不知用掉多少時間，只覺得過了好久，留下筋疲力盡、身心靈都受創的我。金紙冥紙早已燒個精光，舊沙發剩下彈簧，木櫃只剩主結構，水泥牆面被燒得烏漆嘛黑，石棉瓦屋頂那塊透光塑膠更是被燒到失去蹤影，這下家裡採光更好了。我手拉水管看著眼前這片焦黑，腦袋一片空白，甚至沒法回神把水關起來。夕陽餘暉透過屋頂的破洞灑入，搭配著些許晚風拂過我的瀏海……喔不，我沒有瀏海，因為已經被烤焦變成捲毛了。

然後就是阿公的幹譙，跟期待我爸的加菜。

「損吼係啦！」

阿公對著回來的老爸煽風點火完後，就去逛民視劇場了。老爸面無表情，眉頭彷彿被黑武士金鋼鎖上鎖，而且是找不到鑰匙的那種。我發誓活了這麼多年（好啦那時也才活了五年），還是第一次看到他這麼嚴肅。

「你人有沒有怎樣？」

「沒有。」撇開心靈受創不談，只有帥氣的瀏海變Q毛，臉上多了些黑炭，加上雙頰有點紅通通而已。

「來，把過程講給我聽。」

說來諷刺，我拯救了地球，卻救不了家裡失火。我想，我應該是要去拯救地球前，沒有把地上玩的火撲滅，旁邊又有很多飢渴許久的乾柴，根本不需要碰到烈火，只要一點星火就能燎原。交代完起源後，再把滅火的過程跟高層說明。講完時我已經準備翹起屁股，做好「願賭服輸、怕熱就不要進廚房、燒了家就不要怕被打」的準備。畢竟我是一個堂堂五歲三尺的男子漢，要打就打吧，我已經偷偷多穿了三件內褲，應該不會那麼痛。然而，這個我生命中最重要的男人，嚴肅的臉竟露出微笑，說了一句足以影響我一輩子的話，至今想起來仍覺得不可思議。

「人沒事就好，我覺得你處理得很好。走，晚上我們去吃牛排。」

WHAT ?!阿你不是要打我嗎？這樣我內褲不就白穿了。那晚夜市的六十塊牛排，不知道為什麼，特別好吃。

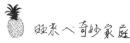

每當跟老爸聊起這段往事，我們倆都覺得馬德里不思議。他說一開始的確想把我打一頓，但不知道為何，聽我講完事情的前因後果後，覺得我才五歲，居然可以那麼冷靜處理意外，應該值得鼓勵才是。當然啦，我也有所保留，並沒有讓他知道我跟比基尼姊姊的事。

我爸對這件事的處理態度，影響了我一輩子。面對家裡的一片混亂，他沒有被自己一時的情緒淹沒，而是靜下心了解小孩的思考跟面對問題的處理方式。在那個二十五年前、拼命賺錢但沒有談論教育的社會氛圍中，我真的佩服老爸這樣的處理方式。

這件事之後，我有學到教訓，在未來的日子裡安分度日，再也不犯錯嗎？可惜並沒有。

剛學寫自己名字的那一年，他買了人生第一台車，非常瞎趴，大紅色的愛快羅密歐跑車，為了慶祝這件大事，我拿起了石頭，爬到引擎蓋上刻上自己的名字，還玩井字遊戲；後來又一天，我拿著螺絲起子，在家裡的木頭傢俱跟樓梯，鑿了一個又一個的洞……很多很多件蠢事，罄竹難書。

成年後某一個父親節，我們聊起了過往，講到我小時候的種種白目，我實在壓抑不住內心好奇，問了老爸這個問題：「老北啊，你難道都沒有想要打過我嗎？」

「打你有用嗎？你又不是故意的。」

「阿不然，你最想打我的是哪一次？」

「我們住台北的時候，回家看到你在浴室拿著大瓶的沙拉油洗澡，從廚房到浴室全部都是沙拉油，加班累得要死回家看到這景象，真的很令人崩潰，我當下就是想把你抓起來打，但是你全身滑溜溜，抓起來就滑掉，簡直跟泥鰍沒兩樣，我雙腳也站不穩，你看起來又很開心，不知道用沙拉油洗澡很開心，還是看我抓不住你，覺得開心。」

對於這段沙拉油之亂，其實我沒什麼印象了。成長的過程中，也難免會不聽話、欺騙他，比方說騙他要去補習，結果跑去打電動，但我們家永遠沒有竹筍炒肉絲這道菜。

我爸是這樣跟我分享的。

打了當然有用，因為小孩子就會怕，大人的情緒就得以暫時發洩，但是，小孩子不會懂，因為恐懼的陰影會凌駕超越理性的思緒，雙方只會愈來愈不信任。

再來，更重要的一點，身體是小孩的，小孩擁有自己身體的自主權，沒有經過允許，他不覺得大人有任何資格去侵犯小孩的身體。

但我爸也不會因為不打我，就讓我好過，他會用另一種更殘酷的方式霸凌我，那就是——講道理。

他可以花一個小時，甚至兩個小時跟我傳道，不用舉手我自己去上廁所，上完再回來繼續聽課，有時候，我真是覺得你倒不如把我打一頓算了，我常常待在原地，左耳進右耳出，思緒跑到別的地方。

「這樣你知不知道？」「知道啦。」

然後結束對話，之後，同樣的事繼續發生，他又會不厭其煩地跟我講人生道理。

長大之後，才知道自己是無比幸運，跟身旁的朋友聊起，大家或多或少都會有被爸媽打罵的經驗，不只男生，女孩子也會被打。而在我的記憶中，從小到大沒被打過，也沒有被罵過，只有男子漢之間比較激烈的溝通。

到了三十歲，看過一些家庭，身邊也開始多了人父人母，加上一些社會新聞，才深深體會到，原來自己的爸爸，在教育上是那麼一位兇狠的角色，不顧他人異樣的眼光，堅持自己的想法。

我爸，是我永遠的偶像。

他的人生，是一本比你手上這本還要精彩的書，當過密醫、待過木柵動物園、鄉公所行政人員、地下鄉長、清潔員、開過安養中心、投資區域型連鎖超市、早餐店、大型電玩、大樓管理員、CNC射出操作員……

這些經歷，都是來真的，背後都扛著經濟跟家庭的壓力，跟我那種屁孩式的體驗人生完全不同。他曾經有過很風光的人生，也曾經很落魄過，不敢說閱人無數，但至少也嚐過了許多人情冷暖，更有趣的是，當我前往澳洲流浪時，他也一個人騎摩托車環島旅行，甚至，還去體驗當了一段時間的街友。

本來，他對自己五十幾歲的人生，已經漸漸失去鬥志，沒想到，他這個兒子，竟然要回來種鳳梨，於是，讓他心中快要消失的火苗，又默默燃起。

如果你問我，返鄉最難的是什麼？

我會說，最難的是離家十年後，不只要跟家人重新相處，而且還要成為創業的夥伴，不只辛苦，更參雜著痛苦，對於我們倆都是很大的挑戰。我們花了至少五年的時間，不知道多少大吵跟小吵，慢慢磨合，摸清楚彼此的毛，才能培養出像現在這樣無所不談、無話不聊、百無禁忌，他不只是我的爸爸，也像是兄弟、朋友、創業夥伴、人生導師。

真正厲害的，不是我，而是他，他就像是我背後的軍師，人生操盤手。

這本書，原本有寫了很多跟他的故事，但是礙於篇幅無法收錄，不然書可能會跟磚頭一樣，於是，也興起了我寫第二本書的念頭《鳳梨王子vs鳳梨老子》，希望，很快可以跟你們再見面。

聽說，第一本書賣得愈好，第二本書就會打鐵趁熱愈快出版，所以，子曰：「給錢才是真愛」，謝謝您如此愛我。

謝謝您的閱讀，讓我佔據了您寶貴生命中的一些片刻，如果可以讓您有一些不同的想法或是收穫，拜託拜託，請用新台幣大力譴責我，認同請分享。

Happiness only real when shared，分享讓快樂變得真實。

謝謝您，真心感謝（跪）

後記：ㄐㄧㄚˇㄖㄨˇ我是ㄇㄠˋㄒㄧㄢˇ家

ㄐㄧㄚˇㄖㄨˇ我是ㄇㄠˋㄒㄧㄢˇ家，我會ㄓㄨㄣˇㄅㄟˋ最ㄒㄧㄣㄑㄧˊㄑㄩㄢˊ的ㄓㄨㄤㄅㄟˋ，去ㄘㄨㄥˊ林ㄊㄢˋㄒㄧㄢˇ。ㄙㄨㄟㄖㄢˊㄘㄨㄥˊ林裡很ㄨㄟˊㄒㄧㄢˇ，但是ㄒㄧㄤㄉㄤㄘˋㄐㄧ，又好玩。

ㄧㄣㄨㄟˋ都ㄕˋ的生ㄏㄨㄛˊ很忙，又ㄐㄧㄣˇㄓㄤ，每天ㄎㄨㄥ氣又不好，可是到了ㄘㄨㄥˊ林就不同˙ㄌㄚ！那裡不ㄉㄢˋ有ㄒㄧㄣㄒㄧㄢ的ㄎㄨㄥ氣，還有很多的樹木，可ㄧˇㄉㄤˇㄓㄨˋ陽ㄍㄨㄤ，ㄖㄤˋ我不會ㄖㄜˋ，還有很多ㄉㄨㄥˋㄨˋ。這些是都ㄕˋ所ㄇㄟˊ有的，ㄧㄣㄘˇ，我要做個ㄇㄠˋㄒㄧㄢˇㄐㄧㄚ家。

出書前夕，我的一個國小同學，不知道是中邪還是怎樣，突然在家裡發現國小校刊裡頭我寫的這篇短文，當然啦，我自己是一點印象都沒有。

看到這篇文章，我突然覺得自己一路上都是如此的幸福跟幸運。幸福的是，原來，我的人生，都照著我自己的本質在行走，雖然跌跌撞撞，出來跑，難免都會受點傷；我也感到幸福，幸福的是，這段旅途，不管是家人、同學、朋友、網友們，都給了我很大的支持鼓勵、疼惜跟愛護，特別是我的家人，儘管出身在一個沒什麼錢，也沒什麼資源的家庭，但心理上的支持，就是最大的動力。

至於難免有些潑冷水，拜託，區區一小瓢水，怎麼可能澆得熄我滿腔熱血，加油好嗎？潑下來的冷水，我還把它當成助燃的油咧。

我一直都深信，我們每一個人，都有自己人生的故事要去完成，而我們，從很小很小的時候，就知道自己生命的本質。就像那位發現我文章的國小同學，因為看到家裡的狗都不用上課考試，每天躺馬路曬太陽，車子還要讓路，過得很爽，於是他就寫了「假如我是一隻狗」，果不其然，他現在每天都累得跟狗一樣。

但是，在台灣這個不鼓勵追求自我發展的教育體制跟傳統觀念下，常常我們小時候內心才剛萌起的小小火苗，就被家庭、學校、社會價值觀給漸漸撲滅，我也曾經走向那條大家所謂的「正途」，殊不知，對我來說卻是人生的「歧途」。

好險好險，我多麼感謝過去的那個自己，拼了命去尋找屬於自己的道路。

雖然我早已忘記十年前的那篇冒險家，但是我卻一直沒有停止冒險，而我也覺得冒險就是人生的本質，冒險，就是去嘗試新鮮的事物。在人生的不同階段，我們都得去扮演不同的角色，經歷社會的變化，為人父母，成了阿公阿嬤，體驗自己以及別人

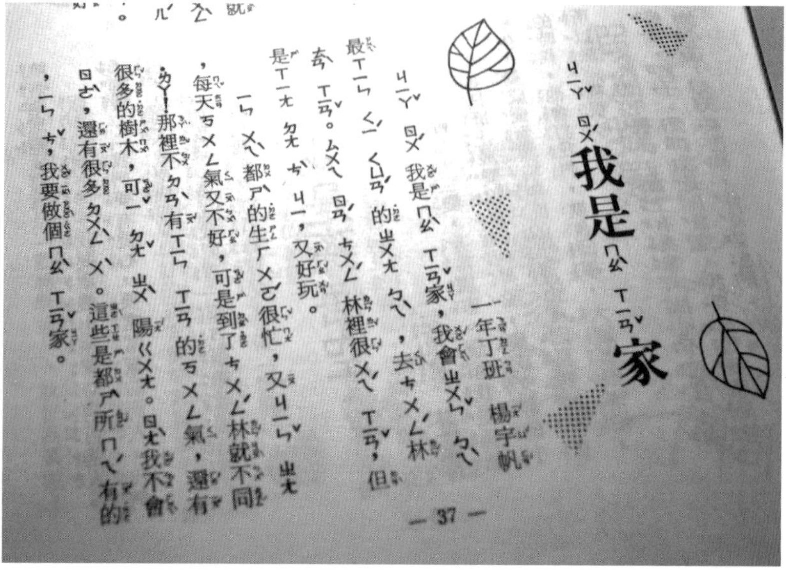
ㄐㄧㄚˇ ㄖㄨˊ 我是ㄇㄠˋ ㄒㄧㄢˇ家

一年丁班　楊宇帆

ㄐㄧㄚˇ ㄖㄨˊ我是ㄇㄠˋ ㄒㄧㄢˇ家，我會ㄓㄨㄣˇ ㄅㄟˋ最ㄒㄧㄣ ㄑㄧˊ ㄑㄩㄢˊ的ㄓㄨㄤ ㄅㄟˋ，去ㄘㄨㄥˊ林ㄊㄢˋ ㄒㄧㄢˇ。ㄙㄨㄟ ㄖㄢˊ ㄘㄨㄥˊ林裡很ㄨㄟˊ ㄒㄧㄢˇ，但是ㄒㄧㄤ ㄉㄤ ㄘˋ ㄐㄧ，又好玩。ㄧㄣ ㄨㄟˋ都ㄕˋ的生ㄏㄨㄛˊ很忙，又ㄐㄧㄣˇ ㄓㄤ，每天ㄎㄨㄥ氣又不好，可是到了ㄘㄨㄥˊ林就不同ㄌㄚ！那裡不ㄉㄢˋ有ㄒㄧㄣ ㄒㄧㄢ的ㄎㄨㄥ氣，還有很多的樹木，可ㄧˇ ㄉㄤˇ ㄓㄨˋ陽ㄍㄨㄤ。ㄖㄤˋ我不會ㄖㄜˋ，還有很多ㄉㄨㄥˋ ㄨˋ。這些是都ㄕˋ所ㄇㄟˊ有的，ㄧㄣ ㄘˇ，我要做個ㄇㄠˋ ㄒㄧㄢˇ家。

— 37 —

的生老病死。

當然，既然是冒險嚐鮮，自然就會發生一些意外事故，不管是肉體或是心靈，一朝被蛇咬，十年怕草繩的觀念，阻礙了我們對於未知的探索，這真是太可惜了。我以為，生命的意義，就是感到活著，而每一次的學習、挑戰、嚐鮮，不都是讓我們有活著的感覺嗎，甚至失敗也是，人生就是充滿著酸甜苦辣，才能成就豐富的滋味。

我這次失敗了，不代表我就是一個失敗的人。當我們太執著於當下的情緒時，就像散步時只看到公園的狗屎，卻忘了路邊的花花草草還有遠方的大樹，身旁一定都還有很多美麗的人事物跟機會。

即便狗屎，經過時間的發酵，都能成為草皮的養分。所以，重點並不是那些曾經的跌倒或是挫敗，重點是我們如何真實地去面對自己，然後把過去的經驗化為未來的養分。

我期許自己一輩子都能在人生中冒險，讓那些突如其來的事故，變成自己人生的故事。

然後，與你交換，交換人生中的精彩故事。

天啊，這什麼夭壽封面？

各位鄉親大家好，由於我本人實在是太喜歡這個封面設計，所以，我想跟大家分享我們整個發想過程。其實，我大可以寫完書後好好放鬆，就把設計交給出版社處理，但內心又覺得，本人那麼挑食，出版社找的設計，不見得合我胃口，所以就決定自己攬下來當PM，找熟悉的設計師朋友。

一開始，我就想要以「裸」為概念去呈現，為什麼呢？

首先，這本書就是把楊宇帆這幾年不算長也不算短的人生，不管當下是好的或是不好的，赤裸裸呈現，真實對我來說，就是最大的魅力（甩髮）。

再來，我當過人體模特兒，不穿衣服有點像是我的職業病（誤），這個工作對我最大的啟發就是對自己身體的認同，常常會覺得，跟歐美比起來，華人似乎對自己的認同感稍微低了一些，少了些自信，於是，就會被媒體洗腦，讓我們去追求主流價值所認定的「美」，所以，我才想用這樣的行為，去傳遞一個自我認同的訊息。

行為藝術，u know，我好歹念過藝術大學。

那就在鳳梨田全裸吧，想法很自然就跑了出來，設計師給了我幾個構圖畫面後，我就騎著摩托車噗噗噗到鳳梨田尋找畫面，說真的，並不是一件那麼容易的事情。畫面要乾淨、順光才有藍天、鳳梨田要整齊漂亮、還不能有外人干擾，這實在是非常困難，基本上要順光大藍天，就只能在天氣好的早上時段，偏偏拍攝時是春夏交替梅雨季，也碰上鳳梨產季，早上田裡都會有人工作，假使我都能克服這些外在環境，要說服保守傳統的農民，讓我在田裡拍全裸照，他們大概也會怕閒言閒語而拒絕我。

為什麼不在自己的田拍？阿我的田就沒有那麼完美的畫面。

所以我就開始反思，到底消費者希望從我身上看到什麼，以及我想帶給他們什麼。幾年前，我已經有在鳳梨田拍過一張全裸跳躍的照片，所以其實，對於原本就認識我的人來說，就算我今天跳傘著地在鳳梨田，他們也不會感到意外；那對於逛書店、或是網路書店的人，看到一個鳳梨田的封面，很自然就會想到「農業議題」、「青年返鄉務農」的主題，這些話題在這幾年，已經有點被炒爛了。

最重要的一點：我不想被設限、不想被定位，我想要突破。

出版社一開始是喜歡跟土地相關的封面設計，這是個很合理的思考，的確，我是個種鳳梨的農民，但難道，我就只能端出跟鳳梨田相關的菜嗎？有沒有可能，來挑戰更多不同的嘗試。

於是，我跟設計師，又花了一些時間去溝通、蒐集素材，才有您看到的這個夭壽封面，不敢說每個人都會喜歡，但至少，會讓人想要多瞄一眼拿起來翻一翻，或是咒罵幾句「這是蝦米拍咪呀？」

我本人就是一顆鳳梨，鳳梨就是要切要殺。剖一刀，讓大家看到，平常看似放蕩不羈、垃圾話很多的我，就跟鳳梨一樣，外表看似粗糙帶刺，內心有其香甜細膩的部分；封底的部分很簡單，「重點」就是鳳梨。

封面跟書腰，您也看不到任何的名人推薦，除了我人緣不好之外，我們的考量是，假若每一本書都有名人推薦，那消費市場對於這樣的方式，有沒有可能已經無感，既然這本書的設計都這樣胡鬧了，那有沒有可能貫徹始終鬧到底，不只是提供市場一種新鮮感，也是我本人真實的呈現。

我也必須坦承，這樣子異於大部分書籍的操作方式，勢必會惹來一些異樣的聲音，再加上，少了名人背書，似乎就少了一點安全感。你問我會不會猶豫，當然，但或許，就是這樣的猶豫跟不安全感，經過沉澱之後，反而讓我更確定要這樣做，畢竟，我的人生就是有點叛逆，不想跟大家一樣，循規蹈矩也沒有不好，不過，就好像無聊了一些。

最後，我想談談我的設計師與跨領域。

這本書的設計師，是我在台藝大認識的朋友，雖然他在大學唸的是設計，但現在的工作，是會議廳的空間規劃，當初他也有點猶豫要不要幫我做書籍設計，一方面是他沒碰過，二方面他也退出江湖已久，有點擔心無法把我的想法清楚表達出來。

但事實證明，這本書整體的視覺，我真是愛死了。

儘管他並不是專職書籍封面設計，但或許就是這樣，才更能跳脫傳統書籍設計的框架，有時候，不同領域的結合，反而更能創造出不同的火花，就像有人說米克斯跟品種貓狗比起來，特別聰明，或是混血兒總是會讓人為之一亮。

我自己的思考，其實也常常會落入慣性，突破自我的方式，就是找不同領域或是比我更有經驗、歷練的人請教。不喜歡一個人鑽牛角尖，從小到大，我們都被教導要Think out of the Boxes，說來簡單，談何容易，我今天能有任何一點點的創意或是想法，都是因為身邊有各個不同領域的朋友，很願意無私地跟我分享他們的思維。

大量地去吸收養分、咀嚼、思考整理再判斷，內化成自己的人生，當然，別忘了要適度地給自己一點鼓勵，感謝自己那麼有勇氣去嘗試。

最後的最後，如果是原本就認識我的人，謝謝你們的支持，陪我一路走到這裡，人生苦短，我會繼續胡鬧下去。

被這夭壽封面騙進來的朋友，也謝謝老天給了我們這樣的緣分，歡迎一起加入胡鬧的行列，永遠不嫌晚。

感謝，真心不騙（跪）

Q&A

Q：買書為什麼沒有送鳳梨？

A：大哥大姐行行好，我一本書才賺幾十塊，買一百本我就送。

Q：請問封底的鳳梨可以拿掉嗎？

A：可以，但是要加價購，請洽我書腰上的經紀人。

Q：為什麼你可以那麼不要臉？

A：子曰「人不要臉天下無敵」

Q：怎麼那麼多白頭髮？

A：可見我為了這本書耗盡多少腦力，宛如隔世。

Q：什麼時候才要從準暢銷作家，變成暢銷作家？

A：聽說經典的作品都要等作者死了才會大賣。

Q：你怎麼那麼矮阿？

A：傻孩子，三十歲後，男人比的是身價，不是身高。

Q：鳳梨阿嬤好可愛，她怎麼沒有來？

A：好的，我們之後會編列預算，請乩童來觀落陰。

Q：為什麼鳳梨要長十八個月那麼久？

A：我怎麼知道啊，這問題就跟為什麼你拿摸帥、妳拿摸美、我長不高一樣，老天爺決定的啦。

Q：請問鳳梨或鳳梨乾怎麼賣？

A：加 Line，2019/9/31 前加入 Line， 送 50 元折價卷喔～

國家圖書館出版品行編目資料

哩賀，哇喜旺來 / 楊宇帆
楊宇帆作. -- 初版. -- 新北市：智富, 2019.7
面； 公分. --（風向；103）

ISBN 978-986-9657-83-9（平裝）

1. 楊宇帆 2. 農民 3. 台灣傳記

431.4 108006635

風向103

哩賀，哇喜旺來

作　　者／楊宇帆
執行主編／簡玉珊
文字協力／郭雪瑤
封面設計／洪瑞軍
出 版 者／智富出版有限公司

地　　址／（231）新北市新店區民生路 19 號 5 樓
電　　話／（02）2218-3277
傳　　真／（02）2218-3299（訂書專線）、（02）2218-7539
劃撥帳號／19816716
戶　　名／智富出版有限公司
單次郵購總金額未滿 500 元（含），請加 50 元掛號費
世茂官網／www.coolbooks.com.tw
排　　版／菩薩蠻電腦科技有限公司
製　　版／辰皓國際出版製作有限公司
印　　刷／祥新印刷股份有限公司
初版一刷／2019 年 7 月

I S B N／978-986-9657-83-9
特　　價／350 元

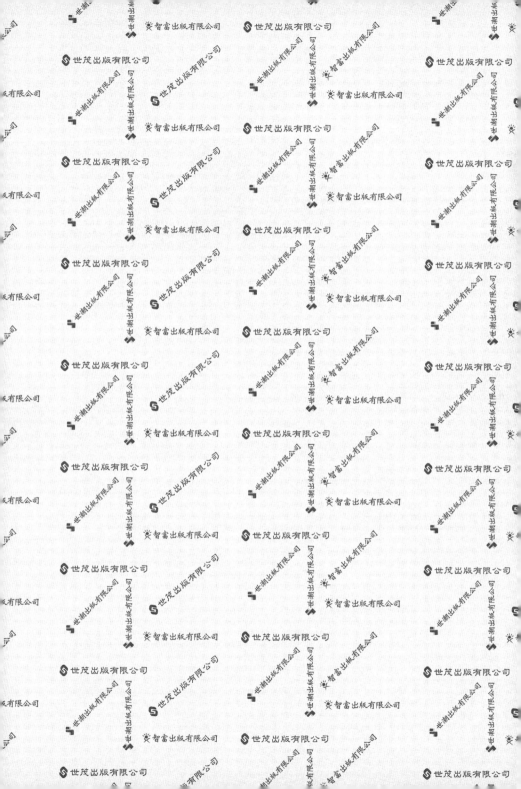